Meike Birck
Alte Katzen

MEIKE BIRCK

Alte Katzen

Vergessliche Königinnen und taube Helden

F&O

Impressum

Bibliografische Informationen der Deutschen Nationalbibliothek
Die Deutsche Nationalbibliothek verzeichnet diese Publikation in der Deutschen Nationalbibliografie; detaillierte bibliografische Daten sind im Internet über http://dnb.d-nb.de abrufbar.

ISBN: 978-3-95693-026-3

Korrektorat: Berenike Schaak
Grafisches Gesamtkonzept, Titelgestaltung, Satz und Layout: Stephanie Raubach, Berlin

www.fredundotto.de

Abbildungsnachweis: alle Fotos Meike Birck, außer Sylvia Wuschko, Seite 132

für Fortuna

Inhalt

Prolog

Eine Katze wohnt im Haus. Vielleicht schon seit 15, 16 oder 20 Jahren, sie ist alt geworden. Wer einen Katzenwelpen zu sich nimmt, denkt kaum daran, dass das winzige Energiebündel eines Tages den Spaß am großen Toben verlieren könnte und kein Interesse mehr an langen Wanderungen über Wiesen und Felder hat. Irgendwann lässt das Gehör nach, oder der Gang wird steif, der Kater putzt sich vielleicht nicht mehr sorgsam und vor allem möchte er den Großteil seiner späten Lebenszeit an einem warmen und sicheren Ort verschlafen.

Einige der Katzen, die ich für dieses Buch fotografiert habe, sind zugelaufen, man weiß nicht, wo sie herkamen, was sie für eine Geschichte haben. Andere traf das Unglück oder vielleicht auch das Glück, in einem Tierheim gestrandet zu sein. Sie werden gepflegt, aber sie warten auf einen Platz, an dem sie noch einmal zu Hause sein dürfen, ungestört ihren Gewohnheiten nachgehen können und mehr als nur das Nötigste bekommen.

Allen Katzen ist gemein, dass sie zu ihren Haltern eine innige Beziehung aufgebaut haben, selbst die besonders Eigensinnigen suchen sich jemanden aus, dem sie vertrauen können. Eine Ausnahme bilden die halbwilden Katzen auf dem Gnadenhof: Aber für sie ist es womöglich genau das richtige Leben – frei und sicher, auch wenn sie sich mit zunehmenden Alter nicht mehr selbstständig ernähren können.

Die Zeit des Alterns ist für die meisten Katzenfreunde eine nicht immer einfache Zeit– so weicht die Freude an der unbändigen Lebenslust der jungen Tiere immer mehr einem Bewusstsein für die Endlichkeit dieses Lebens und damit auch des Zusammenseins. Das kann schmerzen. Vielmals tritt der Beginn dieser Auseinandersetzung im Zusammenhang mit einem Tierarztbesuch auf. Während einer Routineuntersuchung oder weil dem Besitzer ein ungewohntes Verhalten aufgefallen ist, wird Blut abgenommen, werden Tests gemacht und am

Ende wird festgestellt, dass die Katze eine geriatrische Krankheit hat, eine Krankheit, die nicht heilbar ist, deren Fortschreiten höchstens verlangsamt und deren Symptome gemildert werden können.

Vielleicht ist ihr äußerlich nicht einmal etwas anzusehen, aber da steht es schwarz auf weiß: Die Nierenfunktion ist eingeschränkt oder die Bauchspeicheldrüse chronisch entzündet, die Schilddrüse arbeitet überaktiv oder das Herz verliert an Leistungsfähigkeit. Ein solcher Befund kann sehr beunruhigen und unter Umständen sogar Panik auslösen.

Ich kenne das gut. Mein Kater Muck ist jetzt, im Herbst 2014, fast 18 Jahre alt. Vor sechs Jahren wurde das erste große Blutbild, ein geriatrisches Screening, gemacht und wie bei so vielen Katzen eine chronische Nierenerkrankung diagnostiziert. Er ist ein bildschöner eleganter Kater, dem man niemals eine meist altersbedingte Krankheit hätte zuschreiben wollen. Ich las alle ernstzunehmenden Informationsseiten im Internet und meldete mich in einer Mailing-Liste an, deren Mitglieder sich nur mit dieser Thematik beschäftigen. Ich begann mich zum ersten Mal richtig mit der Gesundheit meines Katers auseinanderzusetzen. Und damit, dass er vielleicht nicht mehr allzu lange an meiner Seite verweilen würde. Wir hatten Glück – die Krankheit schritt nur langsam fort, aber die unterschwellige Beunruhigung blieb, ich fand kein wirksames Rezept dagegen. Dem Kater war es herzlich egal.

Der für mich deutlich wahrnehmbare Alterungsprozess setzte bei ihm erst sehr viel später ein, nämlich in dem Moment, als ich das erste weiße Schnurrhaar auf seinem Schlafplatz entdeckte. Bald zeigten seine Pfoten und die Schwanzspitze einen grauen Schimmer. Er nahm sichtbar ab und seine ganze Körperhaltung wirkte nicht mehr so gespannt. Diese Beobachtungen beeindruckten mich mehr als seine Blutwerte. Ich sah und fühlte, wie er sich veränderte. Neben der Verunsicherung stellte sich aber auch ein neues Gefühl ein, eine Art Neugierde und eine Idee, die mich mit Wärme erfüllte: Ich bekam vielleicht die Chance, diesen letzten Abschnitt eines langen Lebens in besonderer Wachheit und Zuwendung mitzuerleben.

Es ist eine schwierige Gradwanderung zwischen dem, was zu tun ist, also dem Reagieren auf Beobachtungen, die dann zu Tierarztbesuchen, OPs, Futterumstellung und Medikamenteneingabe führen können, und andererseits dem schlichten Sein- und Geschehenlassen.

Die Menschen, deren Katzen ich für dieses Buch fotografieren durfte, erzählten mir davon, wie sie zu ihrem Mitbewohner gekommen waren, welche Eigenschaften der Tiere sie während des Zusammenlebens besonders schätzen gelernt hatten und was vielleicht auch zeitlebens kompliziert war und bis zuletzt blieb. Worüber ich mir vor Beginn des Buchprojekts kaum Gedanken gemacht hatte: Viele der porträtierten Katzen werden zum Erscheinungstermin des Buches nicht mehr leben. So bringt diese Reise auch ein Stück weit Traurigkeit mit sich. Denn alle meine Protagonisten sind mir durch den Foto-Termin und die Beschäftigung mit den Texten ans Herz gewachsen. Ihre Bilder hängen an der Wand hinter meinem Arbeitstisch, ich sehe sie jeden Tag. Ein Projekt über und mit alten Tieren heißt auch, sich Gedanken über das Abschied nehmen von Haustieren machen zu müssen. So überwiegt bei der Betrachtung der Fotos die Freude, diesen feinen und knorrigen, oft hingebungsvoll entspannten Wesen begegnet zu sein. Auch haben viele der Gespräche – spät abends in der Küche oder auf der Gartenbank im herbstlichen Licht – meine Wahrnehmung vom alten Kater Muck und seiner Welt verändert. Ich sehe, wie er hinnimmt, was kommt. Denn das, was vorgeht, ist für ihn nicht notwendigerweise zu verändern. Er wehrt sich nicht, er flieht nicht, es ist, wie es ist.

31 Katzen werden alt – mit diesem Buch möchte ich den Blick darauf richten, wie besonders schön sie in ihrer äußerlichen und inneren Eigenheit werden. Und wie bereichernd diese Zeit für uns sein kann. Durch die Rückschau und das gemeinsame Leben im Hier und Jetzt.

Meike Birck

Reetz

21 Jahre

Ich arbeite als Zustellerin bei der Post. Ich war unterwegs und hab' etwas im Busch miauen gehört. Da war er – so groß wie meine Hand. In der Nähe des Fundortes gab es eine Würstchenbude, deren Besitzer hieß *von Reetz* und ich fand das passend. So heißt er jetzt Reetz.

Seit Juli ist er im 22. Lebensjahr, ist immer noch bei mir. Zwei Katerchen kamen in der Zwischenzeit dazu und wirken auf ihn wie ein Jungbrunnen. Reetz hat wieder angefangen zu kämpfen, zu spielen und auch jetzt noch versucht er, sie mit gehobenen Pfoten in ihre Schranken zu weisen.

Er ist sehr zugänglich, vertraulich, war aber schon immer ganz nah bei mir, hat sich nachts an mich heran geschlichen, sich auf meinen Hals gelegt. Das hat die Jahre über ein wenig nachgelassen, jetzt fängt er wieder an, er ist so anhänglich wie ein Hündchen.

Er sieht schlecht und hört schlecht. So sitze ich manchmal mit den beiden anderen Katern auf der Couch und lese. Reetz läuft durchs Zimmer und sucht uns, rennt von der Küche ins Schlafzimmer und wieder zurück. Aber erst, wenn ich klatsche, hört er uns. Ich denke, dass er auch dement ist. Dann schreit er herum, ist orientierungslos. Die Nachbarn haben sich schon gefragt, was ich mit dem armen Kater anstelle.

Er macht Dinge, die er früher nicht getan hat, rennt beispielsweise einfach über den Tisch oder setzt sich bei jedem auf den Schoß. Er hat überhaupt keine Angst. Sehr gern liegt er vor dem Fenster in der Sonne. Das sind so Sachen, die er sehr genießt.

Ich habe akzeptiert, dass er alt ist, er kommt einfach mit, so gut es geht. Er frisst das gleiche Futter, wird behandelt wie die anderen. Ich sehe zu, dass seine Lebensqualität so hoch wie möglich ist und lasse ihn einfach so wie er ist. Die anderen beiden Kater Tiger und Max gehen auch sehr respektvoll mit ihm um. So hat Tiger in ihm sogar eine Art Mama gefunden. Er sucht seine Nähe und leckt ihn von oben bis unten ab, obwohl Reetz das gar nicht gefällt. Tiger wird ihn irgendwann sehr vermissen, das könnte noch schwierig werden. Ich verbringe meine Zeit jetzt viel bewusster mit ihm, weil ich weiß, dass sie begrenzt ist. Das wird schon ein Loch reißen, wenn er nicht mehr da ist. So werden wir unsere Zeit genießen, ganz viel kuscheln, und Reetz bekommt all die Leckerchen, die er gerne mag und bei denen ich vorher eher restriktiv war. Jetzt darf er alles.

Susanne R., München

*»Auf leisen Sohlen wandeln die Schönheit,
das wahre Glück und das echte Heldentum.
Unbemerkt kommt alles,
was Dauer haben wird.«*

Wilhelm Raabe

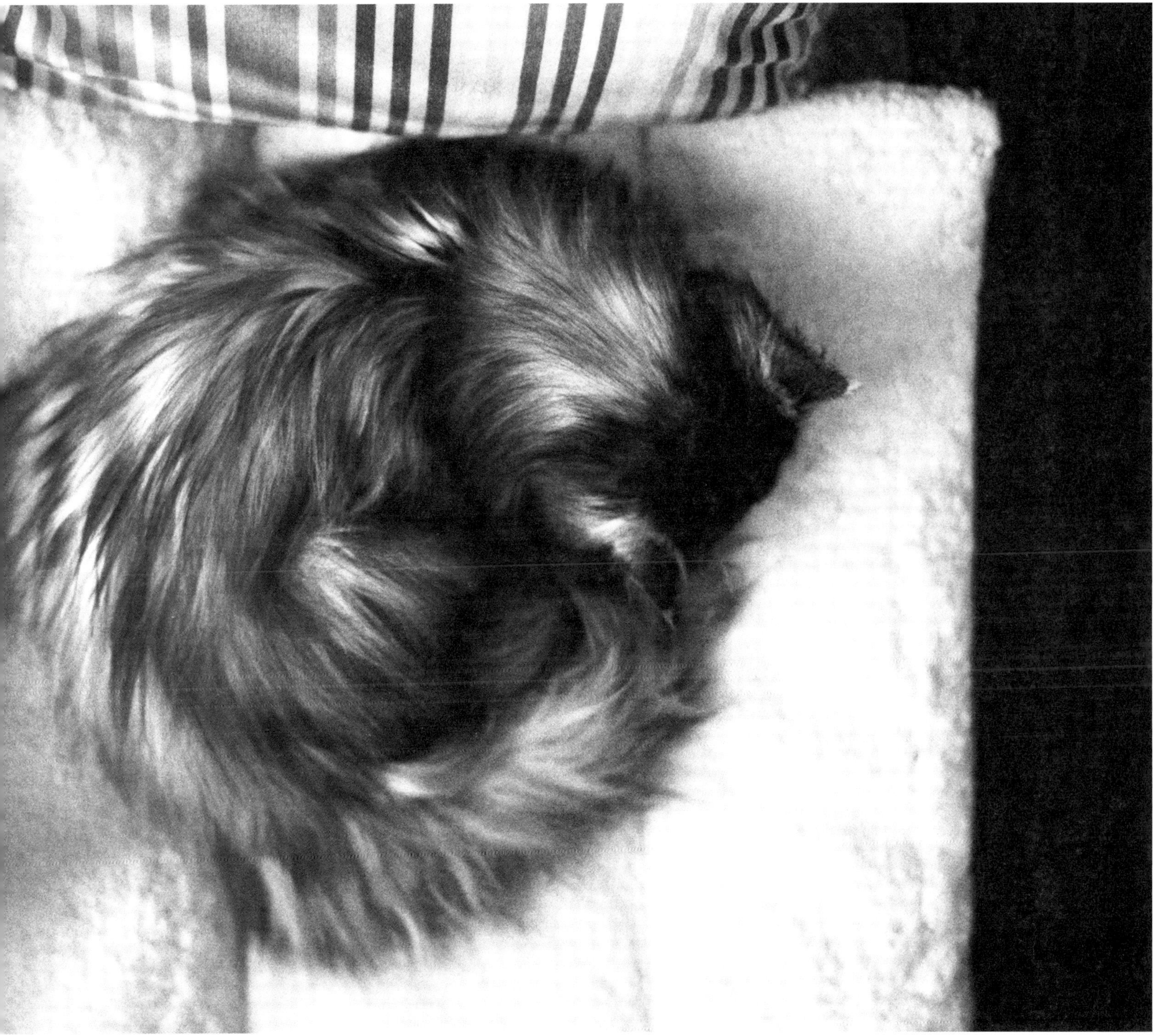

Tiger

15 Jahre

Der Name trügt – Tiger ist eine Katze, kein Kater. Ursprünglich war sie in der Familie meines Bruders zu Hause, der sie als kleines Zwergerl aufgenommen hatte. Tiger wuchs heran und entwickelte sich zu einer schmusigen und anhänglichen Katze. Eines Tages wurde beschlossen, ihr einen Gefährten ins Haus zu holen, was sich jedoch als verhängnisvoll herausstellte: Tiger kam überhaupt nicht mit dem Zuwachs zurecht. Sie war unglücklich und wurde unsauber. Weil es nichts gab, was sie versöhnen konnte und ihr Markierverhalten schwer auszuhalten war, siedelte sie in das geräumige Haus meiner Eltern um. Dort gab es Rückzugsmöglichkeiten und einen großen verwilderten Garten.

In unserer Familie lebten schon immer Hunde, Katzen und Papageien, um nur einige zu nennen. Für Tiger war das offenbar wieder nichts, wie bald unschwer zu erkennen war. Uns gingen die Ideen aus, wie wir ihr und uns helfen konnten, weggeben wollte sie keiner wirklich, und wer sagte, dass es ihr woanders besser gefallen würde?

Alles änderte sich, als meine Großmutter Mammu in den ersten Stock einzog: Jetzt kehrte Ruhe ein, es gab keine Hektik mehr und Mammu nahm sich alle Zeit der Welt für die eigensinnige Katzendame. Sie ergänzten sich prima. Bis auf die tägliche Runde im Garten wich Tiger meiner Großmutter fortan nicht mehr von der Seite. Sieben Jahre lang, waren die beiden inniglich verbunden. Als Mammu verstarb, hielt ihre Gefährtin Totenwache, so lange es möglich war.

In Folge des Verlustes pinkelte sie auf den Esstisch, die Kaffeemaschine, die Esszimmerstühle und so weiter. Es war schlimmer als je zuvor.

Als ich zusammen mit meiner eigenen Familie *ihren* ersten Stock in Beschlag nahm, erwartete ich nichts Gutes: Mit drei Kindern, einem tempera-

mentvollen Hund und Kater Paul würde es erneut sehr lebendig werden. Sie schrie Paul quer durch den Garten an und attackierte ihn durch die Fensterscheibe. Aber da er sich auf Provokationen nicht einließ, wurde das Verhältnis mit der Zeit gelassener. Sie begann wohl doch, uns ein wenig zu akzeptieren.

In all den Wirren entdeckte Tiger meinen Vater für sich. Er, der nach Feierabend am liebsten in seinem Sessel sitzt, Musik hört, ein Buch liest oder fern sieht, strahlte vielleicht die Ruhe aus, die Tiger so sehr benötigte.

Nachdem meine Mutter letztes Jahr völlig unerwartet verstarb, hat sich Tiger endgültig und ausschließlich für meinen Vater entschieden. Sie ist eben eine Katze, die vor allen Dingen ihren einen Menschen braucht.

Jutta F., Bayern

»Hätt' ich das Reich zu errichten
und Mut und Kraft,
der Menschen Köpfe
und Herzen zu lenken,
so wäre das eins meiner ersten Gesetze:
Jeder sei, wie er wirklich ist.
Keiner rede und handle anders,
als er denkt und ihm ums Herz ist.«

Johann Christian Friedrich Hölderlin

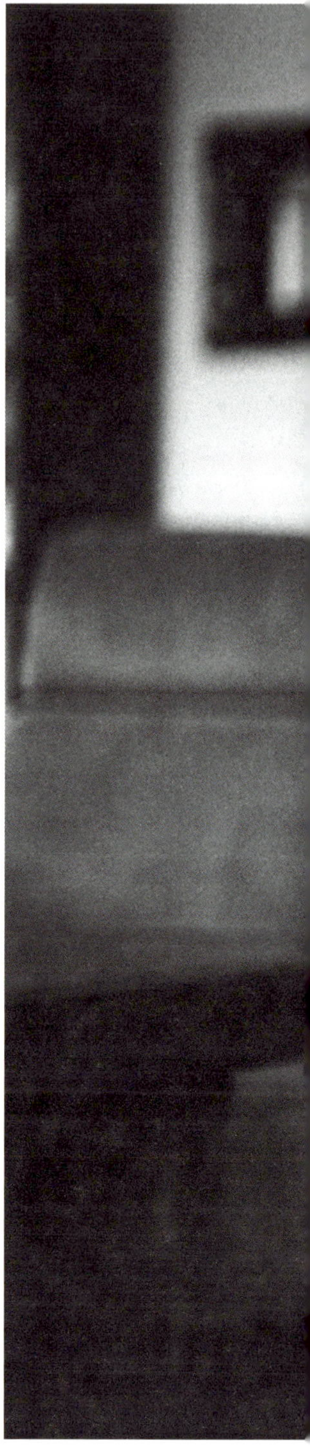

Tariel

17 Jahre

Tariel wurde mit zwei Geschwistern in einem Pferdestall geboren, in einem Hohlraum der Abtrennwand zum Sägespäne-Lager. Ich habe damals die drei gerade noch vor dem Verschüttetwerden retten können. Tariel, mit dem längstem Fell, der graublaue Janosch und ein dreifarbiges Mädel. Sie wurden zusammen mit ihrer Mama in eine Pferdebox umquartiert. Eines Tages war die Mamakatze verschwunden und kam nie wieder. Weil Tariel sich am Unterkiefer verletzt hatte, brachte ich ihn zum Tierarzt und in Folge blieb er ganz bei mir.

Er ist ein cleveres Kerlchen, der sogar gelernt hat, Türen zu öffnen. Wir mussten sämtliche Türgriffe ummontieren. Aber er kann auch extrem nervig sein, Tyrannus Tarius. Zu Anfang ein sanftes, aber hörbares Zupfen an irgendeinem Buch im Regal: Kommt keine Reaktion, wird gezielt gerupft, kommt immer noch nichts, fällt das Werk hinunter. Tariel ist nie laut oder plump, aber hartnäckig.

Jetzt ist er ruhiger geworden, doch seine Rituale sind ihm heilig: So besetzt er konsequent die linke Seite des Sofas, fordert in der Früh, wenn mein Freund seinen zweiten Kaffee holt, einen Nachschlag und muss im Bett über meiner linken Schulter liegen können. Um nur ein paar Eigenheiten zu nennen. Noch mehr? Er hasst es, gebürstet zu werden, geht aber an der Leine spazieren und sein liebstes Auto war mein alter Kadett mit Hutablage, auf der er liegen und hinausschauen konnte.

Er war schon immer – und ist nach wie vor – ein Besucherkater. Er findet Partys oder Baustellen toll und ist immer gerne mittendrin. Früher ging er auch oft mit zu Freunden oder zu meinen Eltern, wo er sich gleich zu Hause fühlte. Er war nie schüchtern und fand derartige Ausflüge eher spannend als gefährlich.

Merle L., Bayern

»Ein Leben ohne Feste ist wie ein langer Weg ohne Wirtshäuser«

Demokrit

Suse

15 Jahre

Eigentlich war es Liebe auf den ersten Blick: Ich habe diese wunderschöne bunte Katze anderthalb Jahre lang still aus unserem Fenster beobachtet. Bis uns die Besitzerin eines Tages fragte, ob wir sie für kurze Zeit füttern würden. Sehr gern. Wir haben Suse bald ins Haus gelassen, eine Entscheidung mit Folgen: Suse wollte auf die Vorzugsbehandlung nicht mehr verzichten. Eine Nachbarin erzählte uns später, dass Suse auch bei ihr schon im Quartier war und nach Nähe und Aufmerksamkeit gesucht hatte. Sie wollte uns nicht mehr verlassen, und da ihre Besitzer sie nicht mit uns teilen wollten, blieb sie bei uns.

Wer sie nicht kennt, wird sich wundern, warum sie stoisch und ausdauernd neben genau dem Sessel steht, auf dem man gerade sitzt. Denn im Grunde ist es ihr Sessel. Sie wartet, bis man vielleicht auf die Toilette oder in die Küche geht, um dann flugs ihr besetztes Eigentum zurückzuerobern. Ein wenig putzen, zusammenrollen, Pfote über die Nase und alles ist gut.

Suse ist eine Königin und weiß alles in Würde zu tun. Sie spricht mit verschiedensten Lauten, sie gurrt und säuselt, fragt und antwortet, begrüßt mich, wenn ich nach Hause komme, und fordert Köpfchen gebend Streicheleinheiten ein. Am schönsten für mich ist jedoch ihr sanftes, tiefes Schnurren – das ist wie Entspannungsmusik, wie ein Geschenk.

In den letzten Jahren spielt sie vorsichtiger und seitdem ihr ein Eckzahn fehlt, mag sie nur noch selten auf die Jagd gehen. Sie hat Arthrose und liebt es, getragen zu werden. Zudem frisst sie maßvoller und findet auch immer mehr Gefallen am Füttern aus der Hand. Das Wichtigste aber ist für Suse, berührt und gestreichelt zu werden, einfach dabei zu sein. Dann bringt sie nichts mehr aus der Ruhe.

Sabine E., München

»Mir bleibt genug!
Mir bleibt Idee und Liebe!«

Johann Wolfgang von Goethe

Daphne

19 Jahre

Daphne ist eine Straßenkatze aus Reykjavik, die ich zusammen mit ihrem Bruder Eduard nach Deutschland geholt habe. Für die beiden war es normal, draußen unterwegs zu sein und auch Mäuse zu fangen – und mir zu bringen, nach dem Motto: *Hier guck mal – Überraschung!*

Ihr Jagdtrieb war ungebrochen, ihr Instinkt hat gut funktioniert. Daphne konnte sogar einen Vogel fangen, den sie dann angeschleppt hat. Ihre Opfer waren zu 80 Prozent unversehrt und so konnten fast alle wieder in die Freiheit entlassen werden. Jedoch hat sie es nicht gelernt, auf Bäume zu klettern und auch nicht, ihre Krallen an Kratzbäumen zu wetzen. Dafür hat sie dann die Teppiche massakriert. Einmal haben mit beiden Katzen, da waren sie circa ein Jahr alt, eine Reise gemacht. Zwei Wochen lang sind wir in Island umhergefahren. Ich hatte einen Kombi und richtete die ganze hintere Fläche für die Katzen ein. Wir schliefen in einem Zelt und die Katzen blieben im Auto, mit Kratzmatte, Katzenklo und allem, was dazugehört. Wir hatten auch Leinen für die beiden dabei. Mit dem Kater Eduard konnte man wirklich im Galopp über die Wiese hoppeln, Daphne dagegen war sehr zurückhaltend in fremder Umgebung. Einmal ist sie uns an einem wilden Fluss fast verlorengegangen. Sie kletterte orientierungslos über große Steine, immer flussabwärts. Wir hatten unsere Mühe, sie zwischen den Felsen zu finden. Auf dieser Reise hat sie auch entdeckt, dass Champignons schmecken. Sie hat richtig hinein gebissen und ein Stück gekaut und geschluckt.

Daphne war ein sehr sanftes Geschöpf, immer krallenlos in der Begegnung, ganz lieb und zart. Eine Katze, die von ihrem Brüderchen so allerhand gelernt hat, so beispielsweise die Biskuits aus der Schale zu klauben oder mit der Pfote die Wasseroberfläche zu berühren, damit sie wusste, wo man die Nase eintauchen muss.

Sie hat sich sehr gut gepflegt, ich kann mich nicht erinnern, ihr jemals eine Zecke entfernt zu haben, während Eduard hin und wieder mal eine hatte. Daphne war eine sehr wählerische Katze, die nur Fisch mochte. So gab es als Betthupferl ein Stück Trockenfisch, diesen gepökelten Salzfisch. Der wurde eine gewisse Zeit über den Boden geschubst, bis sie schließlich Lust hatte, das Fischlein zu verspeisen.

Jeden Morgen legte sie sich zu mir ins Bett. Dabei verfolgte sie stets das gleiche Ritual: erst stakste sie über die Hügel der Bettdecke, drehte sich dann im Kreis, ließ sich nieder und genoss sowohl die Wärme der Bettfedern als auch meine kraulende Hand.

Als es ihr zunehmend schwerer fiel, irgendwo hochzuspringen oder auch Entfernungen falsch einschätzte, sich nicht mehr traute, vom Tisch über einen tiefen Raum auf die Kommode zu springen, wurde mir klar, dass sie selbst lernt und anerkennt, dass sie älter wird. Auch am Fressverhalten konnte ich einiges bemerken, auch wenn ich ihren nur graduellen Gewichtsverlust zunächst gar nicht registriert habe. Irgendwann war sie wirklich richtig dünn geworden und man konnte alle Knochen spüren, auch ihr Gesicht war nicht mehr pausbäckig, sondern bekam leicht eingefallene Züge. Während sich die Phasen ihres Draußenseins verkürzten, verlängerten sich ihre Schlafphasen.

Mit mir hatte sie auch noch ganz intensive Schmusephasen, sie hat sie regelrecht eingefordert. Immer, wenn sie sich neben mich gesetzt hat, mich anmiaute, wusste ich, dass es jetzt schmusen wollte. Sie hat sich auf meinen Schoß gelegt und ich konnte sie kraulen.

Als sie immer dünner wurde, ich ihr das Futter förmlich reichen musste, wusste ich, dass es bald an der Zeit sein wird, von ihr Abschied zu nehmen. Ich dachte mir, dass ich, wenn es ganz schlimm wird, zum Tierarzt gehen würde, denn ich wollte auf keinen Fall zusehen, dass sie leidet.

Daphne ist vor etwa einem Monat gestorben. Für mich war es teilweise schockierend, wahrzunehmen, dass dieses kleine Tierchen nicht mehr atmet. Ich fragte mich, ob ihre kleine Seele noch hier im Raum ist und wo sie hingehen wird. In all den schönen Erinnerungen wird sie für mich lebendig bleiben. Erinnerungen sind zeitlos und zugleich von Dauer, obwohl natürlich das eine oder andere langsam verblassen kann. Manchmal bleibt sogar auch eine gewisse Idealisierung übrig. Ich selbst neige nicht zum Idealisieren, sondern denke, dass

Tiere einfach unsere Wegbegleiter sind, die unser Leben durch ihr Wesen, ihre Verhaltensweisen und ihre Entscheidungen bereichern und prägen.

Inzwischen habe ich mich schon gut damit abgefunden, dass sie nicht mehr da ist und löse mich langsam vom Leben mit diesem Tier. Ich habe ihre ganzen Körbe eingesammelt und alles ein wenig verändert. Das war mir ein Anliegen. Ich finde es nicht gut, wenn man stets an alles Mögliche erinnert wird, was die Trauer aufrechterhält. Wenn ich mich überwinden kann, mich von irgendetwas zu lösen, verschafft mir das Freiheit und Freiraum. Ich nabele mich von etwas ab und schaffe wieder Raum für etwas Neues. Trotzdem wird Daphne immer ein Teil von mir sein und auch bleiben.

Gabi S., Ulm

»Apollo! Bruder! Nimm mein Gezweige,
Wind, Wind, spiele mit mir!
Selige Vögel, Wohnet in mir,
Menschen, Freunde, nehmt mich als Zeichen
unsterblicher Liebe.«

Joseph Gregor

Zeffy

16 Jahre

Zeffy stand im Herbst 1997 um drei Uhr früh vor der Wohnungstüre, folgte ohne Zögern unserer Einladung und blieb. Der Tierarzt schätzte ihr Alter auf etwa drei bis sechs Monate.

Sie ist sehr menschenbezogen, vor allem ihren Menschenpapa liebt sie über alles. Mit ähnlicher Intensität vergöttert sie höchstens noch die Sonne – trotz ihres pechschwarzen Fells. Zeffys Mäkelei beim Fressen kann uns in den Wahnsinn treiben, denn sie hat schnell begriffen, dass sie von uns alles bekommt, was sie haben möchte. Bei einem Gewicht von gerade mal drei Kilogramm müssen wir zusehen, dass sie genug Nahrhaftes zu sich nimmt. Selbst wenn die Kalorienzufuhr aus Leckereien besteht – Madame gewinnt immer.

In ihren Flegeljahren hieß sie nicht selten die *Terrorkatze*, weil sie durch die Wohnung fetzte wie ein Derwisch – wild und für sich. Denn mit Jungs spielt sie nicht: Ihre beiden viel größeren Mitbewohner Strippe und Mingo haben zu kuschen, wenn ihr etwas nicht passt. Vor einigen Jahren entdeckten wir durch Zufall, dass Zeffys Herz erkrankt war. Es kann nicht mehr genügend Sauerstoff in den Körper transportieren. Mit den entsprechenden Medikamenten geht es ihr recht gut, nur tobt sie nicht mehr so verrückt wie früher.

Obwohl es scheint, als führten die drei Katzen eher eine Zweck-WG, liegen sie manchmal überraschend friedlich und nah beieinander. Man muss vielleicht nicht alles verstehen.

Susan S., Berlin

*»Dir gebe ich jedes Land in Gehorsam.
Dir gebe ich alle Macht wie Ra.«*

zugeschrieben Osorkon II.

Lissa

17 Jahre

Lissa hatte keinen leichten Start. Die frühere Besitzerin hatte ihre Mutter aus dem Tierheim geholt, nicht wissend, dass sie trächtig war. Drei kleine magere Kätzchen wurden geboren und mit sechs Wochen zur Vermittlung gegeben, weil die Besitzerin meinte, sie fräßen und gingen aufs Katzenklo, also könne man sie abgeben.

Leider stellte sich heraus, dass Lissa total verwurmt war und Durchfall hatte. Tagelang kämpfte ich zusammen mit dem Tierarzt um ihr Leben. Sie hat es aber geschafft und bald zog auch der rabenschwarze kleine Linus ein. Die beiden Katzen verstanden sich von Anfang an gut und bauten eine innige Freundschaft auf. Für sie wurde der Garten ausbruchssicher eingezäunt, so dass auch heute noch alle meine Katzen Freigang haben, wann immer sie wollen.

Ich nahm noch zwei weitere Katzen auf und begann, die Rasse Abessinier zu züchten. Aber Lissa

liebte weiterhin nur ihren Linus. Unter den Menschen war bis zu unserer Scheidung mein Mann ihre Bezugsperson, sie steht einfach auf Männer, auch männlicher Besuch ist wesentlich interessanter als weiblicher.

Jetzt bin ich ihre Nummer eins – auch wenn ich nicht ihrer natürlichen Vorliebe entspreche. Sie schmust leidenschaftlich gern, lässt sich sanft das dichte Unterfell bürsten und möchte mir nah sein, mich am liebsten ganz für sich alleine haben. Kommt eine der anderen hinzu, läuft sie weg oder beendet das Spiel. Sie ist eine unbestechliche, kompromisslose Katze.

Der Tod von Linus hat sie sehr mitgenommen, sie zog sich immer mehr zurück und wurde einzelgängerisch.

Vor zwei Jahren schädigte eine schwere Herpesinfektion ihre Lungen. Lissa hat sich davon nicht mehr ganz erholt. Sie atmet manchmal schwer und ich muss sie immer wieder mit der Futterspitze ernähren, weil das Fressen keine rechte Freude macht. Ich glaube aber mittlerweile, dass sie diese intensive Zeit als Aufmerksamkeit betrachtet und es gerne mag, gefüttert zu werden.

Heute ist sie 17 Jahre alt, was man ihr nicht ansieht.

Monika F., Baden-Württemberg

»Du schlankes Reh -
Du schlankes Reh, das du
die Menschen fliehst,
bewegte dich dein Herz,
wenn du mich siehst,
mich nicht zu fliehen,
meinem Blick zu traun,
wie Deinesgleichen mir
ins Aug zu schaun!«

Christian Morgenstern

Vertrauen

Im Gespräch mit einer Tierschützerin

Jedes Jahr werden unzählige Katzen jeden Alters in Tierheimen abgegeben. Maren Geupel Abteilungsleiterin Tierschutz vom Tierschutzverein München, erzählt von ihren Erfahrungen mit den älteren Tieren, ihren Bedürfnissen und Vermittlungschancen.

Wann ist eine Katze für Sie alt?

Das ist individuell, es gibt Katzen, bei denen man schon mit drei Jahren das Gefühl hat, dass die alt sind, und es gibt Katzen, die 19 sind, und du denkst dir: *»He, die ist noch ganz fit«*. Wir hier im Tierheim machen ab circa zehn Jahren, egal bei welcher Katze, egal ob sie gut drauf ist und wie sie aussieht, einen Bluttest. Das ist für uns so ein *Cut*, wenn wir sagen, wir machen mal den Test. Vielleicht hat sie Nierenprobleme oder ein Herzproblem.

Was für eine Altersverteilung gibt es bei den Tieren, die im Tierheim ankommen, sind das eher jüngere oder ältere?

Das ist ganz unterschiedlich, ein wenig saisonal bedingt. Wir haben im Frühjahr und im Herbst ganz viele junge Katzen, da kommen die Mütter mit ihren Babys, aber die Jungkatzen gehen auch schnell wieder. Die älteren Tiere ab zwölf kommen ganz oft, weil ihr Besitzer verstorben ist. Mit den einhergehenden Veränderungen kommen gerade alte Katzen nicht gut zurecht. Oder es gibt doch noch Nachwuchs in der Familie oder weil man umzieht und die Katze nicht mitnehmen kann. Aber auch der finanzielle Aspekt spielt eine Rolle, da ein älteres Tier in der Regel öfters den Tierarzt braucht als ein jüngeres. Es gibt Halter, die das nicht wollen oder nicht können. Leute, die irgendwann einmal in Not geraten sind. Auch Leute, die sich nie Gedanken darüber gemacht haben.

Kati, 11 Jahre
Rasse: EKH
Geburtsdatum: 06/2002
Im Tierheim seit: 05.03.2011
Geschlecht: weiblich/kastriert
(Tierheim Berlin)

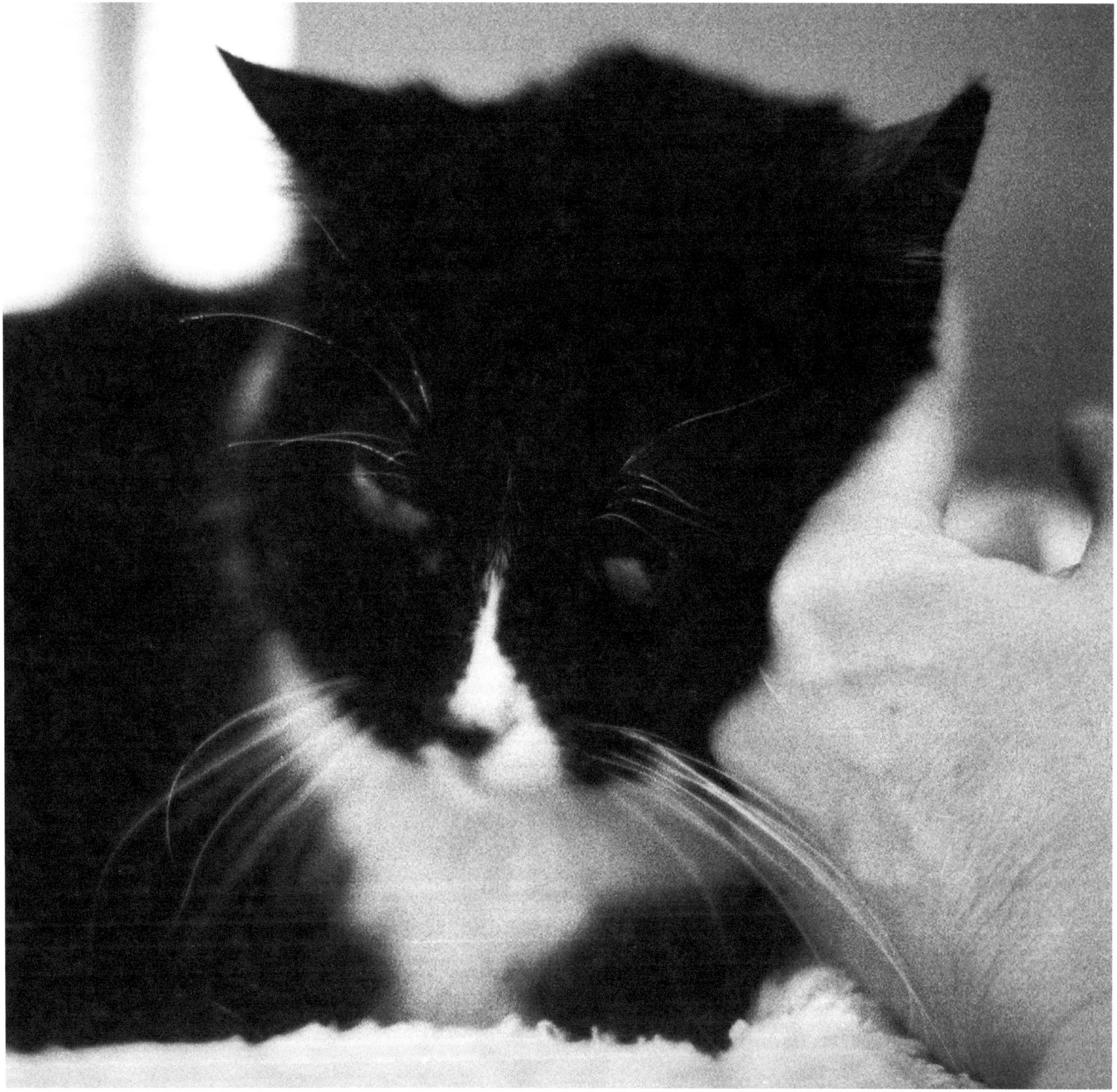

Ab wann ist für die Besucher des Tierheims eine Katze alt?

Bei Katzen sagen die Leute oft, sie wollen ein zwölf Wochen altes Kätzchen haben. Alles darüber ist ihnen zu alt. Sie wollen das Aufwachsen mitbekommen. Die Mama, die schon zwei ist, nehmen sie nur, wenn es sein muss, noch dazu. Diejenigen, die ich wirklich als Katzenmenschen bezeichnen würde, sind die, die durch die Bank alles nehmen würden. Sie sind offen, sie sagen, sie möchten eine Katze oder ein Pärchen und erklären uns ihre Lebensumstände. Wenn die Katze, die wir ihnen dann zeigen, zwölf Jahre alt ist, spielt das im Grunde keine Rolle. Und wenn die Chemie stimmt, ist es super. So ein Katzenmensch würde auch einer 20-jährigen Katze ein neues Zuhause geben, selbst wenn sie vielleicht nur noch zwei Jahre bei ihnen ist. Wenn es passt, dann passt es eben. Und dann kommen sie wieder und erzählen, dass die Katze gestorben sei. Wir kriegen von diesen Leuten immer Berichte und ganz oft das Feedback, wie toll diese alten Tiere sind und wie sehr sie das Leben bereichert haben. Ganz viel. Viel mehr als von den jungen Tieren.

Bobby, 16 Jahre
Rasse: EKH
Geburtsdatum: ca. 06/1997
Im Tierheim seit: 27.12.2012
Geschlecht: weiblich/kastriert
(Tierheim Berlin)

Was begeistert diese Leute besonders?

Ich denke, dass auch ein Tier Lebenserfahrung hat und dass es sehr ausgeprägte Charakterzüge haben kann. Wenn ich ein Tier finde, das zu mir passt, dann ist das ein Partner. Wenn ich so eine kleine Katze habe, ist sie natürlich süß und lustig und das macht total viel Spaß, aber sie sitzt nicht neben mir abends auf der Bank und hört sich meine Geschichten an. Oder sie hat noch nicht diverse Marotten, die man liebenswert findet. Auch die Tiere, die einen das Leben lang begleiten, sind durch alle Hochs und Tiefs eines Lebens gegangen. Wenn man jemanden hat, der diese ganzen Erfahrungen mit einem geteilt hat, das ist einfach etwas Schönes.

Gibt es Leute, die sagen: Ich möchte eine Katze haben, die eine Herausforderung ist?

Tja. Da kann ich von meiner Oma erzählen. Sie wohnte wunderschön in den Bergen, ihr Garten ging in den Wald über. Sie ist ins Tierheim gegangen und hat gesagt, dass man ihr das Tier geben solle, das sonst keiner mitnimmt: Ich bin alleine und die Katze muss nicht zum Kuscheln kommen, wenn sie nicht will. Sie hat so Katzen gehabt, die jahrelang herum hockten. Katzen, die keiner gesehen hat, weil sie immer in ihrer Höhle saßen. Sie hat natürlich auch ältere Tiere genommen. Die haben sich meistens total an sie gebunden. Selbst wenn diese Katzen uns Enkelkinder jeden Tag gesehen haben, war das egal, wir waren für sie nicht interessant, Hauptsache meine Oma war da, sie war die Einzige, der sie vertrauten. Meine Oma war auch eigen und konnte die Katzen einfach so nehmen, wie sie waren.

Die letzte Katze hatte fünf Katzenklos, beim fünften sagte ich dann, he – das ist so groß, da kannst du eine Ente drinnen schwimmen lassen. Aber das war okay, meine Oma hat die Klos so verteilt, wie die Katze das wollte. Die zwei haben supergut 15 Jahre zusammengelebt.

Gibt es das auch, dass Leute ältere problematischere Katzen ins Tierheim zurückbringen?

Im Normalfall haben die Leute mit den älteren Tieren mehr Geduld. Sie nehmen mehr in Kauf, strengen sich mehr an. Versuchen es mit Duftkissen und mit Homöopathie oder mit einer veränderten Einrichtung der Wohnung. Sie versuchen, sich mehr an das Tier anzupassen, es dem Tier so einzurichten, dass es gut ist. Das hat, glaube ich, damit zu tun, dass sich diese Leute mehr Gedanken darüber machen, was es bedeutet, so ein altes Tier aufzunehmen. Die jungen Tiere sind vor allem süß. Die älteren sind eher Charaktere.

Welche Ausgangssituation ist besonders schwierig?

Wir haben manchmal ältere Katzen, die lange allein mit einer Person gelebt haben, die tun sich unendlich schwer. Im Gegensatz zu Hunden ist es bei Katzen oft so, dass sie sagen, ne, darauf hab ich keine Lust, ich esse jetzt erstmal nichts mehr. Egal, du kannst mir Thunfisch hinstellen und ich mag es trotzdem nicht. Je älter so ein Tier wird, desto schwieriger ist es. Heute leben alte Leute oftmals sehr isoliert. Damit lebt auch das Tier isoliert. Das merkt man schon.

Unter Umständen bleiben diese Katzen bei Ihnen und sterben auch bei Ihnen.

Ja. Aber wir hatten schon sehr oft das Erlebnis, dass wir dachten, na ja!, das geht noch ein paar Wochen und das war es dann. Und am nächsten Tag kommt einer, der sagt, dass ihm das Alter und alles andere völlig egal ist und die Katze mitnimmt.

Maren Geupel, Abteilungsleiterin Tierschutz
Tierschutzverein München
(Kati, Bobby und Omi lebten zum Zeitpunkt der Aufnahmen im Tierheim Berlin)

»Bumerang
Es war einmal ein Bumerang;
War ein weniges zu lang.
Bumerang flog ein Stück,
Aber kam nicht mehr zurück.
Publikum – noch stundenlang –
wartete auf Bumerang.«

Joachim Ringelnatz

Omi, 19 Jahre
Rasse: Karthäuser Mischling
Geburtsdatum: ca. 06/1994
Im Tierheim seit: 12.09.2012
Geschlecht: weibl./kastriert
(Tierheim Berlin)

Felix

23 Jahre

Weihnachten 1988 riefen mich Freunde an, ob ich mir nicht ein kleines zugelaufenes Kätzchen ansehen wolle. Das passte gerade nicht so gut, aber ich sagte zu– mit dem festen Vorsatz, *»aber mitnehmen werde ich es nicht!«* Nun ja. Auf der Couch lag selbstsicher ausgestreckt ein etwa vier Monate altes pechschwarzes Katzenkind. Drei Tage später zog Felix bei mir ein. Später einmal, als meine Freundin mit einem Nachbarn stritt, ging Felix dazwischen und plusterte sich auf, tief und bedrohlich knurrend. Fast hätte er den Widersacher angesprungen. Der Streit war beendet. Weniger schön war seine Eigenart, Besucher anzupinkeln, die er nicht mochte. Da saßen wir mit meiner Schwester am Frühstückstisch - Felix schlenderte zu ihr und pieselte an ihr Hosenbein. Ich wollte ihn mir greifen, aber er machte daraus ein Fangspiel und gewann natürlich. Gewitter ließen ihn kalt und an Silvester saß Felix am Fenster und betrachtete entspannt das Feuerwerk. Die anderen Katzen Roh, Bogis und Kira versteckten sich hinter ihm, bis alles vorüber war. Auch unsere mehrfachen Umzüge waren für Felix eher ein Riesenspaß: Die neue Wohnung wurde erkundet und mit Eifer in Beschlag genommen. Als professioneller Schmuckdieb lief er immer mal mit einem Goldkettchen im Maul herum. Ringe, Armbänder, alles, was glänzte, wurde stibitzt und versteckt. Fanden wir dann beim Großputz wieder … Am 26. Januar (2012) musste ich Felix einschläfern lassen. Er sah und hörte kaum noch etwas, hatte eine verknöcherte Wirbelsäule und ließ sich nicht einmal mehr per Hand füttern.Ich denke, er wollte mir zeigen, dass seine Zeit gekommen war. Mein Leben ist verdammt ärmer geworden. Felix bleibt mein Held.

Ferdi W., Baden-Württemberg

»Lasst euch nicht verführen!
Es gibt keine Wiederkehr.
Der Tag steht in den Türen;
Ihr könnt schon Nachtwind spüren;
Es kommt kein Morgen mehr.

Lasst euch nicht betrügen!
Dass Leben wenig ist.
Schlürft es in vollen Zügen!
Es wird euch nicht genügen,
Wenn ihr es lassen müsst.«

Bertolt Brecht

Mini

18 Jahre

Jenny, Minis Mutter, war meine erste eigene Katze hier im Haus. Sie hatte Angst vor Katern und floh, sobald einer, der noch konnte, in ihre Nähe kam. Irgendwann aber streunte ein hässliches rot getigertes Tier herum und sie trafen sich auf der Terrasse. Jenny war wie verwandelt – jeden Abend wartete sie auf ihren schielenden Kater. Er kam aber nur noch einmal. Einige Wochen später gebar sie fünf sehr schöne Katzenkinder. Eines davon war Mini.

Mini war zwar die Kleinste, dürr und total winzig, doch von ihrem Wesen her war sie mutig und hatte vor nichts Angst. Sie war herrlich. Jeden Morgen, wenn Alfons zum Frühstück kam, in seiner ollen Arbeitsjacke und den verschlissenen Jeans, kam Mini, krabbelte an ihm hoch, verfing sich in der Jacke und kletterte auf seine Schulter. Nachdem sich die junge Dame – mit erst fünf Monaten – mit dem Kater des Wirtshauses Fraunhofer eingelassen hatte, gebar sie die fünf Katzenkinder Max, Peter, Nora, Susi und Felix. Max und Peter, die ich behalten habe, prügelten sich hin und wieder. Mini aber ist nun mal die Mutter und ihr haben sie alle Untertan zu sein. Sie setzte sich in solchen Situationen einfach vor sie hin, ganz hoheitsvoll – sie heißt ja auch Principessa – und es war Ruhe … und die Mutter blickte stumm auf dem ganzen Bett herum … Ruhe.

Mini ist eine sehr selbstständige Katze und mag es auch nicht, auf den Arm genommen zu werden. Draußen darf ich sie bis heute nicht anfassen. Und doch sucht sie ab und zu meine Nähe, in letzter Zeit mehr, seit ich sage, dass sie alt wird. Streicheln darf ich jedoch nur ihren Kopf. Aber das bitte dreimal täglich. Die Haare neben den Augen werden schütterer und fressen möchte sie auch nicht mehr so viel. Sie war schon immer ein bisschen wählerisch, doch in letzter Zeit muss ich immer etwas anderes hinstellen. Nur Hüttenkäse liebt sie.

Die Brüder Max & Peter

17 Jahre

Max ist ein Teddybär, eine Schmusekatze, und jetzt besonders. Ich wache oft so gegen 5.00 Uhr morgens auf und dann gibt er keine Ruhe mehr: Er streckt alle Viere von sich und besteht darauf, mindestens 10 Minuten lang gestreichelt zu werden. Er ist genau das Gegenteil von seiner Mutter und seinem Bruder Peter. Und er weiß, wie schön er ist, denn sobald er bemerkt, dass er fotografiert wird, legt er sich in Positur – wie eine Diva.

Peter ging mit mir regelmäßig zum Briefkasten. Er setzte sich auf unserer Straßenseite vor die Kneipe, wartete auf mich, bis ich rüber gegangen und die Briefe eingeworfen hatte, und dann gingen wir wieder zusammen nach Hause. Er ist immer vor mir hergelaufen, hat sich alle zwei Meter umgedreht und überprüft, ob ich auch komme. Das war unser Abendspaziergang. Ein festes Ritual.

Peter war ein sehr stolzer Kater, richtig herrisch, der sich nicht gerne anfassen ließ.

So ruppig, wie er sich seinen Geschwistern gegenüber verhalten konnte, so rührend kümmerte er sich manchmal um fremde Tiere. Einmal war eine ganz junge Katze da, die er herumführte und mit der er sein Futter teilte. Selbst das Zwergkaninchen der Nachbarn durfte zwischen seinen Vorderfüßen schlafen.

Als er im Alter krank wurde und nun regelmäßige Tierarztbesuche anstanden, veränderte sich auch sein Wesen. Er war nicht mehr so eigen und distanziert, sondern wurde immer anhänglicher. Ich glaube, er spürte, dass ich ihm helfen kann.

Erst als es sehr schlimm wurde, bin ich zusammen mit einer Freundin zum Tierarzt gefahren, alleine konnte ich das nicht. Der Tierarzt hat ihn sehr gründlich untersucht und gesagt, man würde

nur sein Leid verlängern. Dann hat er ihn hinüber befördert.

Ja und so waren es nur noch zwei.

Christiane A., München

*»Und du, kein Wort,
meine Tochter? rief Jupiter –
was wirst du deinen Lieblingen
Großes bieten?
Nichts von alle dem,
antwortete die Göttin, und
wischte verstohlen eine Träne
von der erröteten Wange.
Mich lassen sie stehen,
wenn sie glücklich sind,
aber sie suchen mich auf,
wenn sie leiden.«*

Friedrich Schiller

Freiheit

Im Gespräch mit freiwilligen Helfern von einem Gnadenhof

Was für Katzen werden im Gnadenhof aufgenommen?
Meist verwilderte Katzen. Das sind Katzen, die in jungen Jahren auf die Straße geflogen oder wirklich auf der Straße geboren sind. Es gibt in Deutschland sehr viele, aber die Tierschutzvereine in den Städten richten Futterstellen ein und kastrieren, kastrieren, kastrieren … das verbessert die Situation. Soweit möglich lassen wir die Tiere dort, aber wenn gebaut wird, muss man die Stellen auflösen. Solche Katzen kommen zu uns.

Das sind also alles Tiere, die gar nicht auf den Menschen geprägt sind, die auch nicht damit klarkommen, wenn sich ein Mensch im gleichen Raum befindet. Sie wollen nicht gestreichelt werden. Oder wir bekommen Fundkatzen, bei denen wir merken, dass es verwilderte Tiere sind, die sich nicht gerade für eine Zwei-Zimmer-Wohnung mit Balkon eignen. Auf unserem Gnadenhof hingegen können sie ohne Stress mit Artgenossen leben. Sie haben hier ihre Schlafplätze, ihre Bäume, ihre Höhlen und ein relativ freies Leben.

Es gibt also einige, die wollen völlig für sich leben, die haben nur ihre Futterstelle und müssen vielleicht mal den Tierarzt aushalten.
Ja genau, den müssen sie aushalten und sonst sind sie frei.

Entwickeln die Mitarbeiter ein persönliches Verhältnis zu dem einen oder anderen Tier?
Ja, klar. Man entwickelt vielleicht gerade zu den Tieren – das kann ich auch von mir sagen – ein enges Verhältnis, die man nicht unbedingt anfassen kann.

Einige Zeit später in der Küche des Katzengeheges …

Was machen Sie hier gerade?

Rosi H.: Ich fahre einmal in der Woche hierher, die alten Katzen kennen mich alle. Ich füttere sie nicht, aber ich verwöhne sie mit Leckerlis. Das Füttern überlasse ich den Pflegern. Das hier ist ein Brathähnchen, das befreie ich von der Haut, die Haut kriegen sie nicht, weil sie gesalzen ist, das bekommen bei uns draußen die Raben.

Wie sind Sie zu Ihrer Aufgabe auf dem Gnadenhof gekommen?

Rosi H.: Ich habe damals mehrere wilde Katzen in München gekannt, die mussten weg und wurden ins Tierheim nach Riem gebracht. Danach kamen sie hierher auf den Gnadenhof und seitdem fahre ich her. Damit sie nicht so alleine sind, dachte ich mir damals. Und jetzt sind es 25 Jahre geworden.

Bleiben alle Tiere hier?

Rosi H.: Es gab schon einige Katzen, die wir vermitteln konnten, zum Glück! Manche, die im Laufe der Zeit doch ein wenig zahm geworden sind. Oder eine Katze kam aufgrund einer Erkrankung nach Riem ins Tierheim, um von den Tierärzten untersucht zu werden. Stellte man dort fest, dass sie gar nicht so scheu war, konnte sie von dort aus auch vermittelt werden. Auch dort habe ich die Katzen besucht, damit sie ein bekanntes Gesicht sehen.

Sie sind mit jeder Katzen bekannt …

Rosi H.: Ja. Aber es gibt Katzen, die werden immer scheu bleiben, die werden nie zahm, die sind noch nie angefasst worden. Die kommen schon und nehmen Leckerlis, aber wollen sich eben auf keinen Fall anfassen lassen. Man weiß ja nicht, was sie in früheren Jahren erlebt haben. Aber sie laufen einfach mit. Sie haben es ja auch schön draußen, können ins Haus rein und wieder raus, wann sie wollen, da bleibt immer ein Spalt offen. Das Einzige, was sie entbehren, ist eigentlich nur die menschliche Hand.

Und die Pfleger?

Rosi H.: Die Pfleger haben weniger Zeit zum Schmusen, die müssen ihre Arbeit machen. Leider bleibt da wenig Zeit, gell?

Alina L.-V.(Pflegerin): Ja, das stimmt.

Entwickeln Sie zu manchen Katzen eine besondere Beziehung?

Alina L.-V.: Ja, jetzt gerade zu zwei Katzen, Bärli und Lucie, die sind neu. Zu denen habe ich Kontakt, sie lassen sich auch streicheln. Da setze ich mich manchmal zehn Minuten raus. Wenn ich sie rufe, kommen sie sogar und setzen sich auf meinen Schoß. Ich habe auch eine kleine Katze mit nach Hause genommen. Sie hat sich mit meinem Hund angefreundet und jetzt geht nichts mehr ohne sie.

Wie geht es den speziell alten Katzen hier?

Rosi H.: Die bleiben hier, bis sie sterben. Das ist ein großer Teil. Wenn alte Katzen hierher kommen, die besonders scheu sind, müssen sie erst wieder Vertrauen zum Menschen aufbauen. Wer weiß, welche Erfahrungen sie bisher gemacht haben oder machen mussten?. Da steckt man nicht drin. Sie sind aber alle nett. Keine der Katzen ist aggressiv. So ist es nicht.

Alina L.-V.: Sie lassen uns eher in Ruhe.

Wie ist das, wenn eine dieser sehr scheuen Katzen stirbt, berührt Sie das auch?

Rosi H.: Ja, mich schon. Vor allem, wenn ich sie jahrelang kannte, da sind doch einige da, die langsam alt werden und wo es nicht mehr so lange geht. Da darf ich gar nicht dran denken.

Die graue zerzauste Katze auf dem ersten Foto, können Sie etwas zu ihr sagen?

Alina L.-V.: Die ist sehr zurückhaltend, sehr scheu. Sie kommt schon heraus, aber wenn sie eine Person sieht, haut sie auch gleich wieder ab.

Rosi H.: Anfassen lässt sie sich nicht.

Alina L.-V.: Aber mit den anderen Katzen verträgt sie sich sehr gut.

Und wo kam der Seppi her, auf dem anderen Foto, weiß das jemand von Ihnen?

Rosi H.: Der wurde hier abgeben und war seither nur auf dem Baum. Immer. Wo der genau her kam, weiß ich nicht.

Alina L.-V.: Jetzt ist er auf einer Pflegestelle, beim Manfred (Hausmeister und Tierpfleger.)!. Hat sich dort richtig gut gemacht. Da sind schon zwei Katzen und der Seppi lässt sich mittlerweile streicheln, wird gekämmt und gekrault. Er darf auch schon raus. Hat sich toll entwickelt. Jetzt überlegt Manfred, ob er ihn überhaupt wieder abgeben soll …

Rosi H.: Der soll ihn behalten. Dem reden wir gut zu …

Dann betritt noch jemand die Küche …

Sie kommen auch, um die Katzen zu besuchen?
Petra K.: Ich fahre seit ungefähr drei Jahren hierher und gehe hauptsächlich zu den Katzen, weil ich gemerkt habe, dass bei den Hunden sehr viele Gassigeher kommen. Ich nehme ein paar Leckerlis mit, damit sie ein wenig zahmer werden.

Es ist schon schön, wenn man jung ist und recht wild aufwächst. Die Katzen von der Allianz-Arena beispielsweise sind frei geboren worden. Sie haben aber Angst vor Menschen. Mit der großen Baustelle wusste man dann nicht mehr, wohin damit.

Ich bin ja der Meinung, dass jede Katze, die älter wird, ein schönes Zuhause haben sollte. Kein Tier sollte im Tierheim oder auf dem Gnadenhof sterben.

Es ist schön zu beobachten, wie zutraulich hier einige Katzen werden und sich sogar freuen, wenn man kommt.

Im Winter habe ich ihnen Geschichten vorgelesen und Kinderlieder vorgesungen. Für die meisten Menschen ist es ja auch nicht so schön, wenn sie im Alter ganz allein sind und niemanden um sich haben.

Hier gibt es zum Beispiel den Oli, der ist sehr krank. Er bekommt hier sein Gnadenbrot, obwohl ich denke, dass ein älteres Ehepaar, was sich um ihn kümmern würde, gut für ihn wäre. Er hat aber zwei dicke Freunde, die sind ganz oft zu dritt zusammen.

Eine Katze, ich nenne sie Schatzi, liegt zu 90 Prozent ihres Lebens auf demselben Platz. Sie hat einen ganz eigenen schönen Blick – du kannst dich mit ihr eine Stunde unterhalten und sie schaut dir dabei ununterbrochen in die Augen. Ihre Augen sind ganz schräg und sie strahlt eine unglaubliche Weisheit aus.

Da draußen am Zaun ist meine Lieblingskatze, weil sie das scheueste Tier auf dem Gelände ist. Ich glaube, das ist auch eine von der Allianz-Arena. Bei denen, die eine so große Angst vor dem Menschen haben, ist es eine besondere Aufgabe, zu vermitteln, dass man ihnen nichts Böses will. Sie dürfen auch so sein, wie sie sind.

Warum würden Sie eine ältere, vielleicht schwer zugängliche Katze zu sich nehmen?

Petra K.: Die jungen Katzen haben viel Spaß, wollen viel entdecken und erleben. Das ist wie mit Kindern. Wenn Katzen ganz klein sind, sind sie sehr süß und lustig, aber man weiß nicht, was aus ihnen wird. Ich finde die Älteren deshalb so interessant, weil sie bereits einen Charakter haben. Die eine lässt sich gern Geschichten erzählen, eine andere möchte lieber gestreichelt werden. Das ist toll, so gibt es für jeden die richtige Katze. Hier kann man die Katze vorher einfach eine Weile beobachten. So holt man sich ein Tier nach Hause, das auch zu einem passt.

Es ist doch viel schöner, das Herz von einer Katze zu erobern. Die muss nicht sofort auf meinen Schoß springen. Und wenn sie nach einem halben, dreiviertel Jahr doch hochspringt, dann bin ich wirklich stolz. Und außerdem, was habe ich von einem Freund, der nur macht, was ich will.

»Der erste Seufzer der Kindheit gilt der Freiheit.«

Luc de Clapiers Vauvenargues

Matrjoschka

19 Jahre

Matrjoschka wurde im Alter von circa zwei Jahren über den Tierarzt an uns vermittelt und lebte zunächst bei meiner Mutter. Sie war von Anfang an sehr kommunikativ und hat sich förmlich mit uns unterhalten. Berühmt war sie insbesondere für ihre Klagelieder über zu wenig Aufmerksamkeit im hallenden Treppenhaus. Trotzdem war sie in der Nachbarschaft sehr beliebt, denn sie hatte einen ausgesprochenen Charme, der weniger auf ihrem eher durchschnittlichen Aussehen beruhte. Nahezu jeder wurde freundlich und neugierig begrüßt, manchmal jedoch setzte es mitten in den Streicheleinheiten Hiebe. Matrjoschka war bis ins hohe Alter eine große Kämpferin und forderte mich auch immer wieder zum Kampf in ihrer Arena, der leeren Badewanne, auf, um wohl nicht aus der Übung zu kommen. Meistens gewann sie, da ich mich aufgrund der zerkratzten Hände und Finger früher oder später ergeben musste.

Da sie bei meiner Mutter eine Freigängerin war, hatte ich Bedenken, ob sie es bei mir ohne diese Möglichkeit lange aushält. Aber sie war zufrieden, die Wohnung, und bei schönem Wetter der kleine Balkon, reichten ihr anscheinend aus. Es schien ihr wichtiger zu sein, Gesellschaft zu haben, als draußen herum stromern zu können.

Was außerdem auffallend war: Sie hat immer die Nähe zum Kopf gesucht, saß gerne auf den Schultern und ließ sich schnurrend durch die Wohnung tragen. Auch im Bett lag sie am liebsten nahe bei meinem Kopf.

Mit dem Alter ist sie dann etwas ruhiger geworden, die Kämpfe wurden seltener, die Forderung nach Streicheleinheiten häufiger.

Serge P., München

»Freundschaft bedeutet Treue in Freiheit,
Übereinstimmung im Entscheiden,
schöpferischen Widerspruch in Einzelnen.«

Carl Jacob Burckhardt

Findula

21 Jahre

Eine Familie erzählt

» Zusammen mit ihrer Schwester Pünktchen zog Findula vor über 20 Jahren bei uns ein. Leider kam Pünktchen eines Tages nicht mehr nach Hause. So wuchs Findula als Einzelkatze auf. 17 Jahre lang meisterte sie klug eine Schnellstraße in der Nähe des Hauses, den komplizierten Eingang durch den Keller und umging listig vergiftetes Futter. Nur einmal stieg sie zu hoch in einen Baum, wobei ihr eine ganze Feuerwehrmannschaft zur Hilfe eilen musste.

Zahnlos seit dem 15. Lebensjahr, verteidigt sie heute immer noch unerschrocken ihr Revier. Sie ist zwar schwerhörig geworden und manchmal leicht verwirrt, was die Wahl ihrer Toilette betrifft, ob drinnen oder draußen, aber ansonsten können wir keine Abbauerscheinungen entdecken. Im Gegenteil, mit zunehmendem Alter hielt Findula es für angebracht, befördert zu werden: zum Menschen aufzusteigen. Nachdem wir Kinder ausgezogen waren, war ihr ein Platz am Esstisch sicher: Probiert wird alles, von der Pasta bis zum Eis.

Alisa V.

» Hobbys: Hilfe bei Bürotätigkeiten, ausgeklügelte Mäusejagden, genüssliches Sonnenbaden., Zudem schmust sie für ihr Leben gern mit ausgewähltem Personal und erspäht in Sekundenschnelle alle freien Schöße im Raum. Besonders derer, die gerade im Begriff sind, aufzustehen. Aber wer kann schon einem kleinen flauschigen rot-gestreiften Wesen mit großen Kulleraugen widerstehen? Von uns jedenfalls niemand, und das seit 21 Jahren nicht.

Beliebter Aufenthaltsort: die Weihnachtskrippe, schlafend zwischen und über den Schafen im weichen Heu

Ist kurz vor dem Bettgehen hinter die Bücher oder im Schrank hinter die Klamotten geklettert, um dann ins Bett zu springen (was strengstens verboten war)

Hat das Kaffeesahne-Radar: Kommt, auch nach langer Abwesenheit, pünktlich zum Klecks Sahne beim sonntäglichen Kaffeetrinken

Durch ihre Taubheit wurde das Miauen mit der Zeit penetranter und irgendwie auch unverschämter, ansonsten ist sie immer noch gesund und unverletzt trotz des grenzenlosen Freilaufs.

Kilian V.

» Findus Mutter durfte ihren Wurf unter der liebevollen Betreuung der Bäuerin in der warmen Hofküche neben dem Holzherd in einer Kiste aufziehen. Unsere Kinder waren damals zwei und vier Jahre alt, sind mit ihr aufgewachsen. Findu ist uns geblieben, während die beiden mittlerweile außer Haus sind. Sie hatte von Anfang an klare, sehr verlässliche Verhaltensweisen und einen strukturierten Tagesrhythmus. Sie war äußerst duldsam, ja mütterlich gegenüber den Kindern, während sie uns ihre Grenzen klar und selbstbestimmt aufzeigte. Sie war, bis ihr die Zähne ausfielen, eine große Jägerin und brachte zahllos Beute, oft lebend, mit nach Hause: Mäuse, Maulwürfe, Siebenschläfer, Vögel, Blindschleichen, was nicht immer problemlos verlief.

Sie hat den Umzug in eine völlig neue Umgebung in hohem Katzenalter anstandslos gemeistert und sich ein neues Revier und den Respekt der Nachbarskatzen verschafft. Im Alter ist sie nun ruhig, genießerisch, und sehr anhänglich, richtig verschmust geworden. Sie sucht von sich aus den ständigen Kontakt und unsere Nähe – ruft laut nach uns, wenn sie niemanden sieht oder hört, da sie leider wohl völlig taub ist.

Die Eltern V., Oberbayern

*»Ein bedeutender Mensch
kann aus einer Hütte hervorgehen.«*

Lucius Annaeus Seneca

Mariechen

19 Jahre

Mariechen ist am 15. April 1992 in Kaltern, Südtirol, geboren. Ihr Fell war wie Seide, sie war zart im Körperbau und zart in ihrer Seele. Immer war sie liebevoll und zärtlich, nie fuhr sie ihre Krallen aus. Sie war zwar sehr eigenständig, aber auch sehr sanft. Mariechens Mutter hatte sich für die Geburt ihrer drei Kinder in eine Garage zurückgezogen. Ihr Wochenbett hatte sie nicht gut gewählt, denn vier Wochen später rückten Bauarbeiter an, um die Garage abzureißen. So wurden die Kleinen viel zu früh von der Mutter getrennt. Mariechen war mir dann als Gefährtin für unseren Kater Buffi versprochen worden. Also packte Cousine Ellen das Kätzchen in ihr Auto und fuhr nach München. Damals gab es noch zwei Grenzen auf dem Weg. In einem Drahtkäfig im Fußraum des Autos, zugedeckt mit einer Decke, gelangte Mariechen nach München. Weil sie so jämmerlich schrie, hatte Ellen an den Grenzstationen das Autoradio laut aufgedreht. Mariechen musste kotzen und hatte Durchfall. So kam sie hier in München an: winzig, verängstigt und verschissen. Sie war mit Menschen nicht sehr vertraut, aber sie kannte Katzen und als sie aus dem Korb stieg, sah sie eine Katze, unseren Buffi. Beglückt stakste sie auf ihn zu. Er marschierte rückwärts, legte die Ohren an und fauchte. Drei Tage dauerte es, bis Buffi sie als neues Familienmitglied akzeptiert hatte. Von da an wich sie ihm erst einmal nicht mehr von der Seite. Buffi brachte ihr bei, wie ein Katzenklo zu benutzen war: Er ging voraus in die Kiste und sie als sein Schatten folgte schnurstracks. Auf der anderen Seite verließ er das Klo, Mariechen pinkelte und tapste stolz mit erhobenem Schwanz hinaus.

Hatten wir Besuch, blieb sie meist lange Zeit verschwunden. Aber irgendwann siegte die Neugier und sie gab huldvoll eine kurze Audienz.

Große Angst hatte sie vor Gewittern. Draußen konnte noch die Sonne strahlen, da kroch sie schon auf dem Bauch durch die Wohnung. Mit dem ersten Donnergrollen robbte sie, flach wie eine Flunder, unter die Esszimmervitrine.

In ihren beiden letzten Jahren wurden ihr die Gewitter zunehmend gleichgültig. Sie reagierte nicht mehr darauf. Mit nachlassendem Gehör konnte es nicht zu tun haben, sie hörte bestens bis zuletzt.

Das Schlimmste, was Mariechen und Buffi erlebten, war ein Wohnungseinbruch, bei dem sie allein im Haus waren. Erst brachen zwei Einbrecher brutal die Tür auf und verwüsteten die Wohnung, dann kam auch noch die Polizei und schließlich die Feuerwehr. Buffi hatte sich in einem Schrank versteckt und Mariechen fand ich im Kaminschacht hinter einem stillgelegten Kachelofen.

Mariechen war keine Schoßkatze. Sie ließ sich auch nur ungern auf den Arm nehmen. Aber sie liebte alles Korbähnliche, und saß sie einmal sicher in einem Körbchen, dann durfte man mit ihr schmusen und sie endlos streicheln.

Zwei Jahre vor ihrem Tod wurde bei ihr Krebs festgestellt, ein Tumor an der Schwanzwurzel. Wir machten uns große Sorgen. Obwohl es kompliziert schien, wagte der Tierarzt die OP. Es war erstaunlich, wie gut es ihr direkt danach ging. Sie vermisste ihren Schwanz nicht und lief stolz als Manx-Katze umher. Ein Jahr und acht Monate hat sie fröhlich ohne Schwanz gelebt. Dann kam der Krebs zurück. Dieses Mal befand sich der Tumor im Kiefer. Wieder wurde sie operiert, aber der Krebs wuchs nach. Sie war inzwischen sehr schwach geworden, hatte viel Gewicht verloren und wurde ernst und still.

Die Zeit für den endgültigen Abschied war gekommen.

Am 1. September 2011 kam die Tierärztin und erleichterte ihr den Tod. Sie ist ganz ruhig in ihrem Körbchen eingeschlafen. Sie wurde kremiert und ihre Asche wurde am Niederrhein an der holländischen Grenze begraben, wo auch Buffi seine letzte Ruhestätte gefunden hatte.

Sibylle F., München

»Zufall
Wenn statt mir jemand anderer
auf die Welt gekommen wär'!
Vielleicht meine Schwester
oder mein Bruder
oder irgendein fremdes blödes Luder –
wie wär' die Welt dann,
ohne mich?
Und wo wäre denn dann ich?
und würd' mich irgendwer vermissen?
Es tät ja keiner von mir wissen.
Statt mir wäre hier
ein ganz anderes Kind,
würde bei meinen Eltern leben
und hätte mein ganzes Spielzeug
im Spind.
Ja, sie hätten ihm sogar
meinen Namen gegeben!«

Martin Auer

Mücke

16 Jahre

Wie kam Mücke zu euch?

Das war wirklich eindrucksvoll. Ich saß auf der Türschwelle und habe geraucht. Da marschierte diese Katze um diese Straßenecke, eine kleine Katze, den Schwanz nach oben mit vier kleinen Katzenkindern, den Schwanz nach oben, in einer Reihe hintereinander. Hochanständig, todernst, marschierten sie um die Kurve und es war klar, okay, wir ziehen hier ein. Sie verschwand dann allerdings und ließ die Kinder da. Sie hat aber immer wieder vorbeigeschaut, man kam aber weder an sie noch an die Kleinen heran, man hätte Fallen aufstellen müssen.

Alle waren sehr hübsch, grau/schwarz getigert. Ein kleiner Kater hatte genau die gleiche Färbung wie sie – braun/schwarz getigert. Mit der Zeit verschwanden die Welpen, nur den Kater habe ich noch öfters in der Nachbarschaft gesehen.

Mücke aber blieb bei uns.

Wie habt ihr damals hier gelebt?

Familie. Familie mit zwei Kindern und zeitweise auch mal einem Hund, auch mal einer anderen Katze. Das ist ein kleines Haus mitten in der Stadt, mit einer kleinen Straße dazu, einem großen städtischen Gelände dahinter und einem Park auf der anderen Seite. Es gibt einen freien Zugang zum Münchner Umland. Hier kommen auch Füchse her, die an der Isar entlanglaufen und dann zu uns kommen.

Mücke hat dann im Schuppen gelebt, er war frei zugänglich von mehreren Seiten. Ein morscher alter Holzschuppen, der für sie genug Schutz geboten hat und auch die Möglichkeit, dass sie hinaus kann. Es war ziemlich schnell klar, dass sie geschlossene Räume meidet, nicht in Häuser reingeht.

Hat sie Kontakt zu Menschen gesucht?

Sie hat im Laufe der Zeit doch einen Bezug zu mir

aufgebaut. So, dass sie sich mittlerweile von mir auch mal anfassen lässt, mir um die Beine streicht, mich anmaunzt, wenn ich komme, dass sie auch etwas erwartet. Sie geht nicht weg, wenn ich auf sie zugehe. Das sind alles Sachen, die im Laufe der Jahre, vieler Jahre, entstanden sind. Sie hat bestimmt sechs oder sieben Jahre gebraucht, bis sie das erste Mal um meine Beine gestrichen ist, sie hat sich aber da noch nicht anfassen lassen.

Wie ging es damals weiter?

Sie hat noch einmal geworfen, im nächsten Jahr, da hat sie zwei Junge bekommen, das eine ist gestorben, das andere haben wir zum Tierarzt gebracht und untersuchen lassen. Er meinte, dass da ein Viertel Wildkatze mit drinnen ist, deutsche Wildkatze.

Aufgrund bestimmter Merkmale: Relativ kurzer Schwanz, mit einer typischen Endung an der Spitze und mit einer bestimmten Ohrstellung, die normale Hauskatzen eben nicht haben. Das würde auch ihr Verhalten erklären, ihr wahnsinnig großes Misstrauen und die unglaubliche Geschicklichkeit.

Sie wird oft nicht wahrgenommen. Sie sitzt sehr ruhig und niemand sieht sie, kein Hund, keine andere Katze, kein Mensch. Da sitzt sie manchmal eine halbe Stunde und keiner hat sie erkannt, das kann sie sehr gut. Ich denke, das ist auch der Teil, der sie hat überleben lassen.

Jagdverhalten …

Wie ein Wildtier, man merkt ihr immer noch das Wildtier an. Vor allem, wenn sie jagt. Manchmal holt sie eine Maus her, setzt die Maus vor mir ab und lässt sie frei. Allein der Blick, den sie dann bekommt. Anders als eine Hauskatze. Ich habe immer Katzen gehabt. Diese Art, wie Hauskatzen jagen,

»Noch muss ich dir sagen,
dass mein Vertrauen zu dir
ohne Grenzen ist.«

Diotima

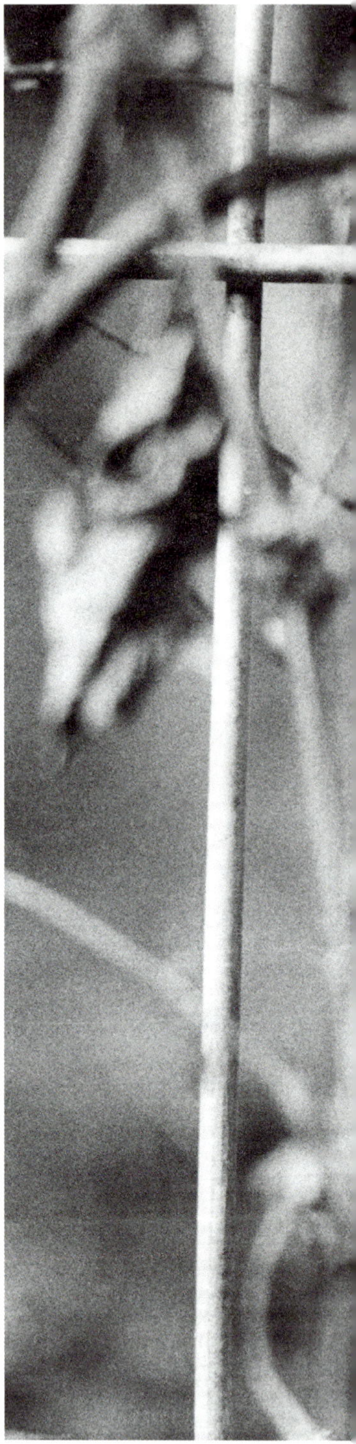

das ist eine Spielerei; es ist noch ein Jagdtrieb vorhanden, aber es fehlt die Notwendigkeit, ein Trieb, den sie verfolgen, der aber nicht existenziell ist. Bei ihr sieht man, dass er existentiell ist. Alle Sinne sind gespitzt, ganz anders, als man es bei Hauskatzen sieht. Sie ist auch wesentlich geschickter. Sie lässt die Mäuse laufen, sie laufen dann zum Holzstapel, in der Hoffnung, sie können sich da drinnen verstecken. Manchmal lässt sie sie rein laufen, bleibt davor liegen und guckt woanders hin. Irgendwann fühlt sich die Maus sicher und nimmt die Katze nicht mehr als Bedrohung wahr, läuft heraus und der Katze vor die Nase. Mit einer Geschwindigkeit, die man sich überhaupt nicht vorstellen kann, packt sie die Maus und beißt den Kopf ab, und zwar sofort. Dann frisst sie sie komplett auf.

Es ist ganz klar, sie ist kein Kuscheltier, keine niedliche Katze, sondern ein Raubtier, auch wenn sie klein, hübsch und süß aussieht.

Ist sie immer da geblieben, über alle die Jahre?

Einmal war sie zwei Wochen weg, Meine Hoffnung war, dass sie vielleicht eingefangen und kastriert worden war. So war es dann auch.

Sie haben sie hier wieder heraus gelassen und – wer auch immer es war – ich bin dieser Person sehr dankbar, dass Mücke nicht weiter eingesperrt wurde.

Merkst du ihr das Altern an?

Ein kleines bisschen, ja, sie ist komplett weiß um die Nase, besonders am Kinn. Man merkt ihr den Fellwechsel an. Das scheint sie sehr anzustrengen. Sie hat ja ein wahnsinnig dickes Winterfell. Wenn man sie im Winter sieht und im Sommer, hält man sie nicht für dieselbe Katze. Sie liebt Schnee. Das macht ihr gar nichts, sie legt sich mitten rein. Sie geht auch im Regen herum, als ob es nicht regnen würde.

Sie ist aber insgesamt ruhiger geworden und etwas träger. Trotzdem topfit, immer noch sehr sehr schnell und komplett muskulös.

Ich hoffe für sie, dass sie nicht krank wird, sondern einfach lebt, bis es zu Ende ist, und sich dann zurückzieht und aufhört.

Wenn du feststellen würdest, dass es ihr sehr schlecht ginge, würdest du sie einschläfern lassen oder würdest du der Natur ihren Lauf lassen?

Ich würde bei ihr tatsächlich der Natur ihren Lauf lassen, weil sie so gestresst ist von Menschen.

Sie ist aus mir völlig unerfindlichen Gründen einmal ins Haus hineingegangen, ich habe es nicht gemerkt. Da ist sie, im wahrsten Sinne des Wortes, die Wände hochgegangen. Ich habe nur die Tür aufgerissen und bin raus, in der Hoffnung, dass sie hinterher kommt. Ist sie ist dann auch, und es ist totale Panik ausgebrochen. So ein Tier darf man nicht einsperren, das machst du nicht. Danach ist sie auch nie mehr hier herein, obwohl die Tür im Sommer immer offensteht.

Im Falle einer Krankheit, würdest du sie nicht zum Tierarzt bringen?

Nein, ich würde sie nicht zum Tierarzt bringen. Sie hatte mal einen Ratten- oder Marderbiss am Hals, der sich infiziert hatte, eine Riesenbeule ist entstanden, acht Zentimeter Durchmesser, das Fell ausgefallen, und so weiter. Ich dachte, wenn man jetzt nicht etwas mit Antibiotika macht, dann stirbt das Tier. Aber ich habe ihr Tropfen gegeben, die das Immunsystem unterstützen und etwa Homöopathisches dazu. Das hat funktioniert, sie ist nicht gestorben, sondern hat sich völlig erholt.

Ich würde sie auch deshalb nicht einfangen und einsperren, weil ich Angst habe, dass sich das Verhältnis so ändert, dass sie nicht mehr hierher kommt. Dann habe ich ihr unter Umständen geholfen, aber das Grundvertrauen ist weg. Sie ist nun mal ein halbwildes Tier. Das werde ich nicht einschränken, nur weil sie sich hier einen Platz gesucht hat.

Berbl S., München

Francis

19 Jahre

Ich kann nicht über Francis schreiben, ohne gleichzeitig von Milou zu sprechen. Als ich die beiden bekam, lebte ich in einer Wohngemeinschaft mit mehreren Erwachsenen und Kleinkindern. Am Tag ihrer Ankunft hatten wir die Wohnung voller Gäste, doch die beiden Winzlinge stürzten sich ohne Scheu ins Gewühl. Francis musste jeden Schoß ausprobieren. Die erste Nacht verbrachten sie nicht in der vorbereiteten Schlafkiste, sondern in meinem Bett, Milou ganz dicht an mich gekuschelt, Francis mit etwas mehr Abstand – so sollte das im Wesentlichen auch bleiben.

Francis, schlank und hochbeinig wie die Mutter aus Gran Canaria, begrüßte jeden an der Wohnungstür, gab Köpfchen und tat seine Begeisterung lautstark kund. Er hatte immer ein ausgesprochenes Mitteilungsbedürfnis und nahm interessiert an all unseren Tätigkeiten Anteil. Anders als Milou war Francis ein sehr selbstsicheres Tier. Er ruhte völlig in sich, absolut entspannt im Hier und Jetzt. Oft saß er da wie eine Statue, die Augen nach Katzenart lächelnd leicht zusammengekniffen, leise schnurrend: eine blau-weiße Schönheit.

Als ich mich selbstständig machte und fortan im häuslichen Büro tätig war, leisteten mir die beiden Brüder Gesellschaft, sorgten für Bewegung und brachten mich zum Lachen. Sie kuschelten miteinander, putzten sich gegenseitig und lieferten sich wilde Verfolgungsjagden.

Milou starb mit achtzehn Jahren. Für uns war nicht zu erkennen, ob und wie Francis um seinen Bruder trauerte.

Das ausgiebige Bürsten seines seidigen Fells wurde zu einem täglich eingeforderten Ritual und er suchte immer öfter unsere Nähe. Er hat viele Sonnenstunden mit mir auf dem Balkon verbracht, zusammengerollt und schnurrend auf meinem Schoß. Abends setzte er sich auf dem Kopfkissen in Posi-

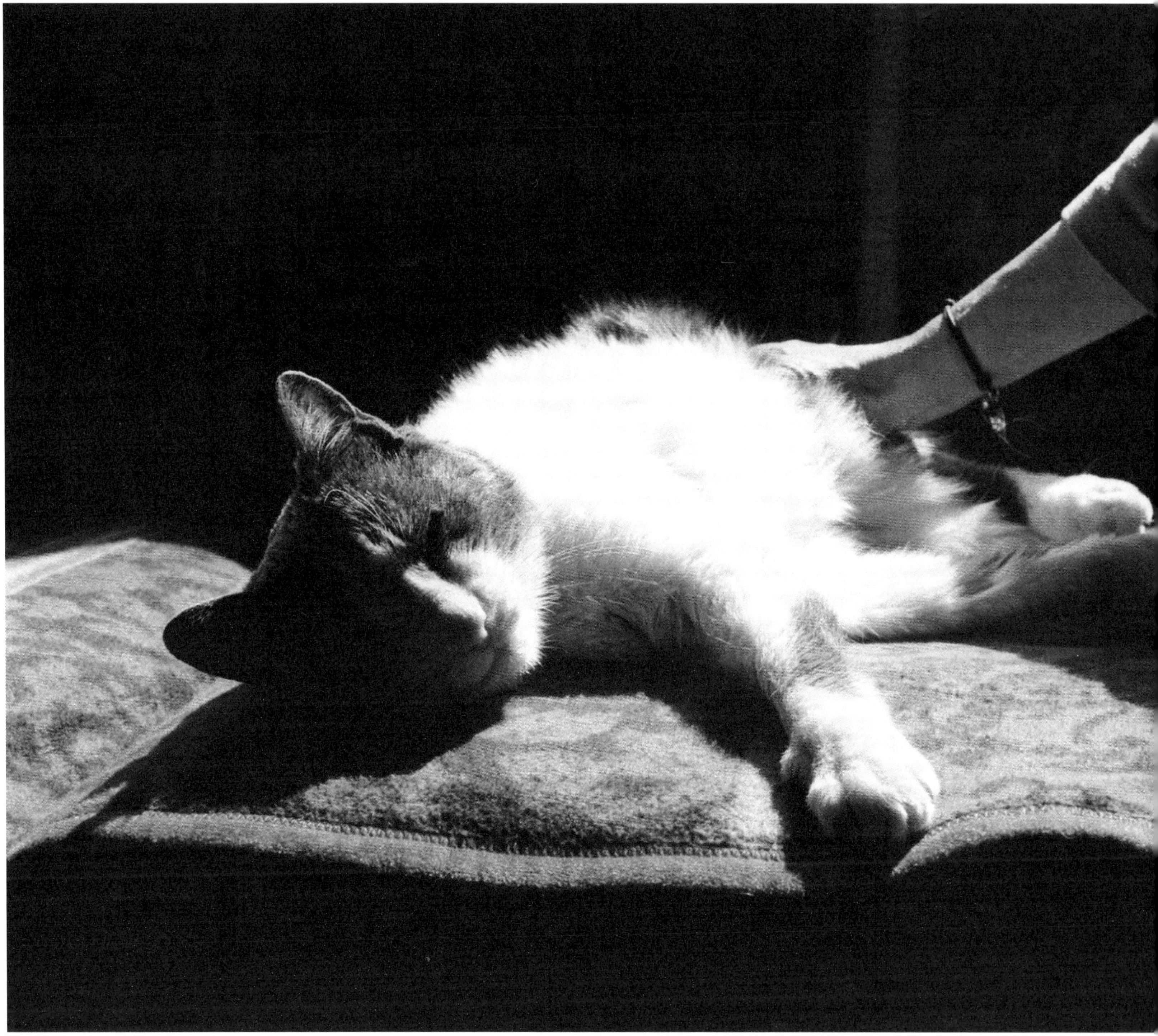

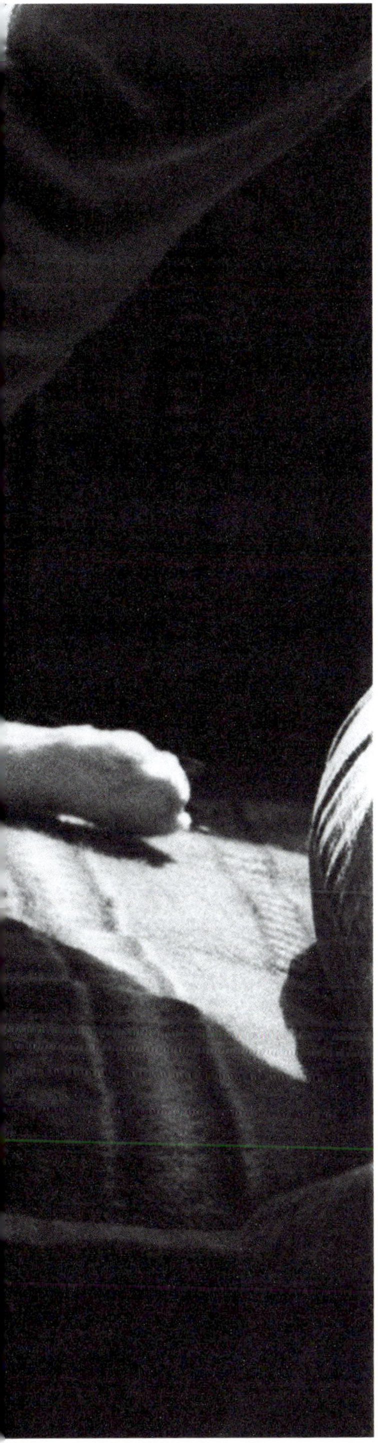

tion und teilte uns stimmgewaltig mit, dass es Zeit zum Schlafengehen sei.

So hat er sich auch von mir verabschiedet: Er starb auf meinem Schoß, drei Wochen vor seinem zwanzigsten Geburtstag. Wir haben ihn neben Milou im Garten von Freunden bestattet.

Karen S., Stuttgart

*»Liebe ist ein Ereignis,
aus dem eine Geschichte werden kann oder
ein Geschick.«*

Hannah Arendt

Missy

17 Jahre

Missy durfte ihre Halterin nicht mit ins Altersheim begleiten. So kam sie in den Tierschutz. Als blinde 14-jährige Katze hatte sie dort nur wenig Chancen auf eine Vermittlung. Eine Bekannte hatte mich auf einen Aufruf in einem Internet-Forum aufmerksam gemacht. Ich habe mir das einige Monate lang angesehen. Nichts tat sich. Also fuhr ich rund 200 Kilometer, um eine Katze einzupacken, die sonst keiner wollte. Die Kleine entpuppte sich als Kratzbürste: Sie schlug zu, sobald sich ihr etwas Unbekanntes näherte. Es dauerte bald ein Jahr, bis sie Vertrauen fassen und glauben konnte, dass ihr niemand etwas Böses wollte. Oft bluteten meine Hände und Arme. Die Hunde hatte Missy bald im Griff. Tapste sie heran, wurde der Weg freigemacht.

Meine Vorstellungen von ihrem Behindert-Sein musste ich schnell relativieren. Missy erkundete gezielt ihre Umgebung und wusste wohl jederzeit genau, wo sie war. Von Anfang an ist sie geklettert – vom Bett aufs Regal, auf die Fensterbank, auf den Tisch. Alles hat sie erobert. Nur wie kam sie wieder herunter? Meist ist sie einfach gesprungen. Sie hat sich nie dabei verletzt. Jedoch nicht selten die Hunde oder mich, wenn sie mit ausgefahrenen Krallen auf einem von uns gelandet war: Miss Kamikatzi. Von ihrer Blindheit merkt man kaum etwas, vor allem nicht, wenn sie ihre wilden fünf Minuten hat und diverse Duft-Mäuschen durch die Wohnung jagt. Missy besteht auch auf ihre tägliche Gartenrunde. Ganz gleich, ob es stürmt, schneit oder sehr heiß ist: Missy muss raus und nach dem Rechten sehen. Manchmal trifft sie dann auf unsere Nachbarkatzen, denen sie ein Nasen-Küsschen durch den Zaun gibt, sich aber ansonsten nicht für artgenössischen Besuch interessiert.

In letzter Zeit ist Missy ruhiger geworden, sie hört nicht mehr gut. Aber Baldriankissen durch die Wohnung schleudern, das geht immer noch. Sie schläft und kuschelt viel. Sie ist eine willensstarke und hingebungsvolle Schmusekatze. Alt und behindert aber, finde ich, ist sie nicht.

Barbara D., Rheinland-Pfalz

»Vorgefühl
Ich bin wie eine Fahne von Fernen umgeben.
Ich ahne die Winde,die kommen,
und muss sie leben,
während die Dinge unten
sich noch nicht rühren:
Die Türme schließen noch sanft,
und in den Kaminen ist Stille;
die Fenster zittern noch nicht,
und der Staub ist noch schwer.
Da weiß ich die Stürme schon
und bin erregt wie das Meer.
Und breite mich aus
und falle in mich hinein
und werfe mich ab
und bin ganz allein
in dem großen Sturm.«

Rainer Maria Rilke

Lilith

19 Jahre

Lilith wuselte mit etwa sechs Katzengeschwistern in einer für den Nachwuchs abgetrennten Zimmerecke herum. Wir wollten damals ein Geschwisterpärchen haben, damit die Katzenkinder zusammen aufwachsen konnten, und so kam es auch. Die Hetzjagden der beiden sieht man heute noch in meinem Tannenboden eingekratzt, dort, wo sie immer um die Ecke fetzten.

Liliths Schwester zog eines Tages samt Besitzerin fort und Lilith wurde ruhiger. Damals begann sie mit ihren ausgedehnten Spaziergängen über die Dächer. Zweimal verschwand sie bei Regenwetter im Dachstock eines andern Hauses in unserer Straße. Erst nachdem wir alle Nachbarhäuser abgeklappert hatten, konnten wir sie wiederfinden.

Lilith war mir eine treue Begleiterin in all den Jahren und wenn ich heimkam, lief sie mir zur Begrüßung entgegen. Ihre scheue Zurückhaltung war wunderbar. Sie schloss nicht schnell mit jedem Freundschaft. Manchmal, wenn Besuch da war, ließ sie sich gar nicht blicken.

Jetzt schläft sie unter Osterglocken, Schneeglöcklein und Primeln.

Iris J. Basel

»Ich musste es auf meine Weise sagen.«

Annette Kolb

Tiger

21 Jahre

Vor Hunden hatte ich panische Angst – und Katzen zu streicheln, das wäre mir nie in den Sinn gekommen. Aber dann geschah es: Meine Tochter kehrte während ihres Studiums für ein paar Semester nach Hause zurück, begleitet von zwei kleinen, drei Monate alten Katern. Was soll man da machen als Mutter? Nach einer Weile überwand ich meine Scheu und Furchtsamkeit, und empfand das als ein großes Geschenk. Die beiden Katzenbrüder Mike und Tiger waren so außergewöhnlich nette und liebe Katzen, dass ich sie bald nicht mehr hergeben wollte. Mike verstarb mit nur 14 Jahren und Tiger durfte bis zu seinem Tod dann bei mir bleiben. Eine gemeinsame Zeit, die ich in meinem Leben nicht missen möchte. Mit einem Tier zusammenzuleben, zumal noch mit einem so liebenswerten und zutraulichem Geschöpf, ist einfach eine wunderbare Sache.

Helga O., München

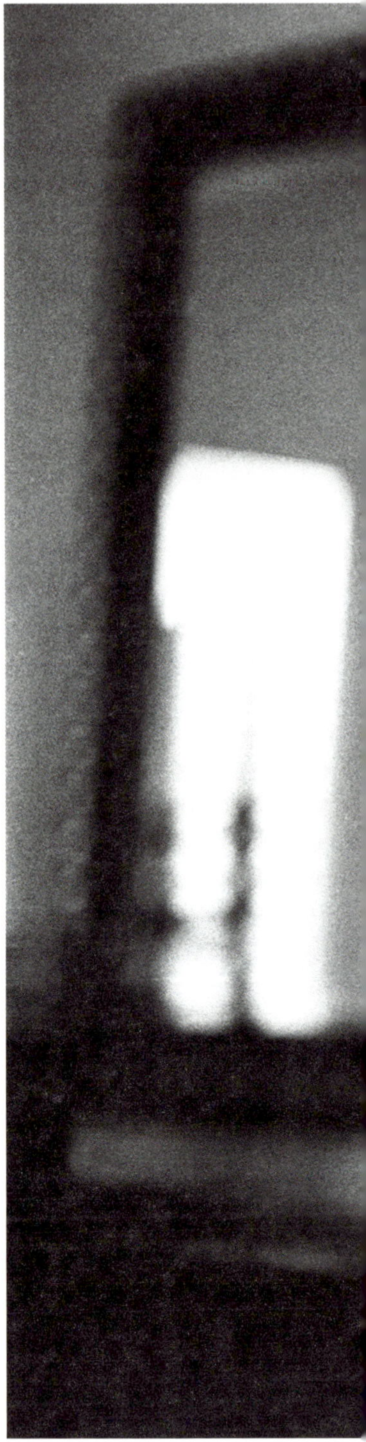

*»Das Nachdenken über das Alter
ist nicht nur für die Älteren,
sondern für jeden Menschen wichtig.
Älterwerden eröffnet die Gelegenheit,
auf unser gelebtes Leben zurückzublicken,
es kritisch zu würdigen.
So können wir das Alter als vielleicht
wichtigste Phase für das Gelingen
des Lebens in seiner Ganzheit
erkennen.«*

Anselm Grün

Katze
(alt)

Es war an einem regnerischen Sommertag: Ich saß mit einer Freundin im Garten und aus dem Gebüsch kam ein hässliches Tier gekrochen, eine nasse Kanalratte: klein, mickrig, verklebtes Fell, verhungert, fürchterlich elend und wollte weder angesprochen noch angefasst werden. Doch sie beschloss, zu bleiben. Einfach so. Ich hingegen tat alles, damit sie wieder verschwand.

So versuchte ich, zu erforschen, wo sie her kam, aber keiner vermisste sie oder wollte sie haben.

Ich nannte sie Katze, weil sie zunächst nicht meine Katze war und ich noch abwarten wollte. Sie hieß eigentlich Giny, das wusste ich, denn sie kam ja aus der Nachbarschaft und man kennt die Katzen hier. Aber das gefiel mir nicht.

Ich habe sie beobachtet und mir Gedanken darüber gemacht, wie ich dieses scheue und ablehnende Tier erweichen und zutraulich machen könnte, was zur Folge hatte, dass ich sie mehr als verwöhnte und liebevoll umsorgte. Mit einem Kind hätte ich das sicherlich nicht so gemacht. Nie habe ich mit ihr geschimpft oder sie bestraft, wenn sie mich gekratzt hat oder auswich, sobald ich sie streicheln wollte. Seit 13 Jahren ist sie nun bei mir und inzwischen doch sehr anhänglich geworden. Sie ist sehr hausgebunden und bleibt eigentlich nur hier im Garten. Wenn ich sie abends rufe, dann ist sie meistens sofort da, es sei denn, es raschelt im Gebüsch und sie muss noch einem Käfer oder einer Fledermaus hinterherspringen. Aber sie kommt. Und das finde ich sehr nett von ihr. Darüber freue ich mich.

Wenn ich irgendwo sitze und lese, genießt sie das sehr, sitzt unter meinem Stuhl und schnurrt. Ich brauche sie ja bloß anzugucken, dann schnurrt sie schon und ist zufrieden.

Dorothea O., Oberbayern

*»Wenn du vor mir stehst
und mich ansiehst,
was weißt du von den Schmerzen,
die in mir sind,
und was weiß ich von deinen.
Und wenn ich mich
vor dir niederwerfen würde
und weinen und erzählen,
was wüsstest du von mir mehr
als von der Hölle,
wenn dir jemand erzählt,
sie ist heiß und fürchterlich.
Schon darum sollten
wir Menschen voreinander
so ehrfürchtig,so nachdenklich,
so liebend stehn wie
vor dem Eingang zur Hölle.«*

Franz Kafka

Franzi

(sehr alt)

Ich kann gar nicht so viel zu Franzi erzählen: Sie stand eines Tages einfach vor der Tür, und das ausgerechnet am 4. Oktober, am Tag des Heiligen Franziskus. Sie muss damals schon sehr alt gewesen sein. In unserem Haushalt gab es damals schon eine Katze: Wiesel. Mit der Zeit haben sich die beiden auch ganz gut arrangiert. Wiesel musste ich jedoch vor einiger Zeit einschläfern lassen, da sie große Schwierigkeiten mit dem Laufen hatte, die Knie waren kaputt. Da blieb Franzi übrig. Letztens musste ich für 16 Tage ins Krankenhaus und so wurde Franzi von einem Freund versorgt. Ich glaube, sie war schon sehr froh, mich wieder zu haben. Sie schlief gar nicht, sondern lag im Sessel und schaute mich an. So ist sie einfach sehr langsam, wie das eben auch alte Leute sind. Ich denke, sie vergisst teilweise auch, wohin sie gehen oder was sie machen wollte, bleibt stehen – und ja, was nun? Dann geht es ihr wie mir: Was wollte ich gerade in der Küche?

Aber eigentlich hat sie im Moment eine gute Zeit. auch wenn sie mehr schreit als früher und neuerdings mit epileptische Anfällen zu kämpfen hat: Es wirft sie vom Sofa und sie liegt dann lange am Boden, ist verunsichert und kann das Geschehen nicht so richtig einordnen. Später liegt sie aber wieder auf ihrem Platz und schläft. So hausen wir beiden Alten halt so gut wie es geht!

Traudl B., Bayern

»Kämpfer altern einfach besser.«

Marianne Koch

Würde

Im Gespräch mit einem Tierarzt

Hat sich die Altersstruktur der Katzen, die zu Ihnen in die Praxis gebracht werden, in den letzten Jahren verändert?
Man kann tatsächlich sagen, dass sich die Altersstruktur der vorgestellten Katzen verändert hat: Kamen vor 20 Jahren die sogenannten Frühjahrs- und Herbstkatzen zur Welpenuntersuchung, zur Impfung und später zur Kastration, kam die alte Katze meist erst in einem kranken Finalstadium.

In früheren Zeiten wurde die Katzenmedizin eher stiefmütterlich behandelt. Heute dagegen wird auch der Katze und damit der sogenannten Präventivmedizin große Aufmerksamkeit geschenkt. Die mediale Präsenz hat ebenso deutlich zugenommen, so wird z. B. sehr ausführlich über die hohe Anfälligkeit für Nierenerkrankungen, insbesondere bei älteren Katzen, informiert.

Wann ist ein Tier für Sie alt?
Wenn man rein von wissenschaftlichen Veröffentlichungen ausgeht, beginnt das Altern der Katze ab dem achten Lebensjahr. Hier stellen sich in der Regel die ersten klinischen Parameter ein. Das kann man im Blutbild anhand der Organwerte sehen – oder der Beginn einer orthopädischen Veränderung macht sich bemerkbar.

Für mich persönlich ist eine Katze alt, wenn sie anfängt, bei guter Futteraufnahme abzumagern, oder die Muskulatur der Hintergliedmaße atrophiert, also zusammenfällt. Wenn die Fellqualität deutlich abnimmt, weil sich die Katze nicht mehr richtig pflegt. Es ist ja sprichwörtlich, dass sie sich stundenlang ihrem Körper widmet, sich ihr Fell schleckt und säubert. Auch verändern die Gesichtszüge ihre Form: Die Stirn- und Schläfenmuskulatur nimmt ab und verleiht der Katze ein spitzes, schmales Gesicht. Dieser Vorgang kann ganz plötzlich kommen. Oft fällt es den Besitzern erst auf, wenn sie die Katze länger nicht gesehen haben, wenn sie zum Beispiel aus dem Urlaub heimkommen. Dieser normale Alterungsprozess kann aber auch mit einer Erkrankung, wie zum Beispiel einer Schilddrüsenüberfunktion, einer Tumorkachexie oder einem Leber- oder Nierenleiden einhergehen.

Gibt es so etwas wie eine Palliativmedizin für die Katze?
Der Begriff Palliativmedizin hängt von der Art und dem Stadium einer Erkrankung ab. Eine schwerkranke Katze versorge ich je nach Art der Erkrankung mit Medikamenten und Infusionen, um zumindest einen Status quo zu erreichen. Das kann so aussehen, dass ich die Katze wieder dazu bringe, selbständig Futter aufzunehmen. Oder die Nierenfunktion stabilisiere, damit das toxische Ammoniak verdünnt wird und der Katze in der Speiseröhren- und Magenschleimhaut keine Schäden zufügt. Oder aber ich unterstütze einen stark schmerzempfindlichen Arthrosepatienten mit Analgetika, damit er sich wieder bewegen kann und seinen gewohnten Auslauf im Garten genießen kann. Wenn die Lebensgewohnheiten der Katze aber stark eingeschränkt bleiben, die Katze nicht einmal mehr allein fressen oder laufen kann, stellt sich die Frage, inwieweit dieses Leben noch katzengerecht ist.

Wie stehen Sie persönlich dazu?
Bis zu einem gewissen Grad gehe ich mit meinen Patienten und ihren Besitzern mit. Schon sehr früh signalisiere ich aber, dass die Zeit bis zur Euthanasie doch absehbar ist. Das Tier sollte in Würde sterben dürfen. Ich möchte vermeiden, dass es in eine Situation kommt, in der es sich in einem womöglich schrecklichen Finalstadium erfährt. Das können Krampfanfälle sein oder Atemnot, also die Agonie, der Todeskampf. Das ist auch für die begleitenden Menschen sehr erschütternd.

Wie sehen die Anzeichen aus, bei denen Sie sagen, das könnte der Zeitpunkt des nahen Sterbens sein?
Wenn die Katze aufhört, Futter aufzunehmen und auch die vorher angesprochenen Palliativmaßnahmen ausgereizt sind. Das Tier befindet sich jetzt in einem sehr schlechten Allgemeinzustand, die so genannte Kachexiephase, also einem Kräftezerfall, einer völligen Auszehrung. Pathophysiologische Umbauvorgänge, zum Beispiel an der Leber, setzen ein. Oft bemerken die Tierbesitzer ein Schnurren, das manchmal fälschlicherweise als Besserung des Zustandes gedeutet wird, aber ein katzenspezifisches Phänomen beinhaltet: Die Katze setzt endogene Endorphine frei, also Botenstoffe, die ein Glücksgefühl,

ja einen Trancezustand simulieren, obwohl sie sich bereits im Endstadium einer Krankheit befindet. Das ist für mich der richtige Zeitpunkt, den Besitzer davon zu überzeugen, dem mir anvertrauten Tier einen würdevollen Abschied zu ermöglichen.

Berührt Sie das noch persönlich, wenn Halter viel zu spät mit einem offensichtlich kranken Tier zu Ihnen kommen?

Ja. Vor allem, wenn ein bestimmter Punkt überschritten ist. Auch hier kann man zwar noch versuchen, das Tier palliativ zu versorgen, wenn der Besitzer noch nicht so weit ist und ich ihn mit der Frage über eine mögliche Euthanasie nicht vor den Kopf stoßen möchte. Aber doch, es ist schon so, dass es mich beschäftigt, wenn ich weiß, ich hätte dem Tier zu einem früheren Zeitpunkt noch helfen können.

Warum passiert so etwas, was denken Sie?

Das hat unterschiedliche Gründe: Meist sind die Besitzer mit dem schleichenden Verfall ihrer Katze so vertraut, dass das eher Außenstehenden auffällt, Freunden, die zu Besuch kommen. Oder aber die Besitzer kehren aus einem Urlaub zurück und erschrecken sehr, wenn sie ihre Katze zu Gesicht bekommen, weil sie sich so verändert hat.

Der tägliche Umgang mit der Katze erschwert den objektiven Blick. Katzenbesitzer halten lange Schlafphasen und mäkeliges Essverhalten vielleicht für eine Eigenart der Katze oder als nicht weiter zu beachtendes Kennzeichen des Alters und verpassen daher den rechtzeitigen Gang zum Tierarzt.

Wie gehen Besitzer mit dem Altwerden ihrer Katze um?

Man hat durch eine groß angelegte soziokulturelle Studie, in der auch tiermedizinische Aspekte und die Mensch-Tier-Beziehung untersucht wurden, gemerkt, dass beim Menschen das Älterwerden mehr berücksichtigt wird als beim Tier. So würde man einen gebrechlichen Menschen nicht mehr auf eine Bergwanderung mitnehmen, den alten Hund aber schon. Durch den Nachweis von Stressparametern im Blut – in Ruhe und im Wachzustand, konnte festgestellt werden, dass die Tiere trotz Alter und Krankheit ihrem Herrschen und Frauchen als Familienmitglied folgten, egal welche Extreme von ihnen abverlangt wurden. Teilweise sind die Hunde zusammengebrochen.

Bei der Katze geht es eher darum, Ihr Lebensumfeld so zu gestalten, dass sie sich wohlfühlt, also dass man vielleicht Kletterhilfen installiert, damit sie trotz Bewegungseinschränkung auf ihre Lieblingsplätze gelangen kann, oder dafür sorgt, dass ihr ruhige und ungestörte Orte zur Verfügung stehen, an die sie sich zurückziehen kann. Viele alte Katzen sind stressempfindlich und möchten nicht permanent angesprochen werden. Das hängt aber auch vom Charakter des Tieres ab. Das Alter fordert einfach eine erhöhte Wahrnehmungsbereitschaft und besondere Achtsamkeit für die sich verändernden Bedürfnisse des Tieres.

Es besteht grundsätzlich die Gefahr, dass man in seinem Tier das immerwährende Jungtier sieht, was mit Freude und Spaß jegliche Aktivitäten seines Besitzers teilt, obwohl bereits verschiedene Alterungsprozesse ihre Wirkung vollziehen. Vielleicht hilft es, mit einem kritischen Auge den Vergleich mit dem eigenen menschlichen Umfeld zu ziehen und hier den Umgang mit Alter oder Krankheit zu beobachten und zu reflektieren.

Wie gehen Tierbesitzer Ihrer Erfahrung nach mit dem nahen Tod ihrer Katze um?

Wenn die Patienten bei mir in der Praxis vorgestellt werden, ist der möglicherweise nahe Tod meist noch kein Thema, er ist wenigstens vordergründig nicht im Bewusstsein. Bei der klinischen Untersuchung fallen dann vielleicht bestimmte krankhafte Merkmale auf. Im Gespräch zeigen sich Übereinstimmungen mit den Beobachtungen der Besitzer. Das können komplette Futterverweigerung oder starker Mundgeruch sein, verminderte Aktivität und das ungewöhnliche Sichzurückziehen der Katze. Erhärtet wird eine finale Situation durch weitere diagnostische Untersuchungen wie Röntgen, Ultraschall und eine Blutuntersuchung. Wenn die Ergebnisse hier kritisch sind und man darüber spricht, wird dem Besitzer dann doch in den meisten Fällen bewusst, dass es um den Gesundheitszustand der Katze schlecht bestellt ist. Ich versuche, die Besitzer langsam auf den nahen Tod vorzubereiten, erzähle Ihnen von der natürlichen Verhaltensweise der Katze: In freier Umgebung würde sie sich zum Sterben zurückziehen. Eine für viele Besitzer erschreckende Vorstellung. Aber auch oft ein Beweggrund, dem Leiden der Katze ein Ende zu setzen und die Verantwortung für das Tier, auch in der schwersten Stunde zu übernehmen.

Was erwarten die Halter emotional von Ihnen?

Es gibt die emotional eher offenen Tierbesitzer, die ich gerne in den Arm nehme, um damit auch mein Mitgefühl auszudrücken. Meist geht es ja auch um langjährige Patienten, die ich schon seit dem Welpenalter kannte, und wir haben so manche Krankheiten, Unfälle und Geschichten miteinander erlebt. Mit vielen Besitzern teile ich einen langjährigen Kontakt, kenne die Familien, ihre Schicksale, sehe die Kinder heranwachsen, heiraten oder selbst mit ihren Kindern in die Sprechstunde kommen. Dann gibt es die stillen Tierbesitzer, die nach außen hin scheinbar emotionslos wirken und sich mit einem festen Händedruck verabschieden.

Dr. Siegfried Graf, Tierarzt

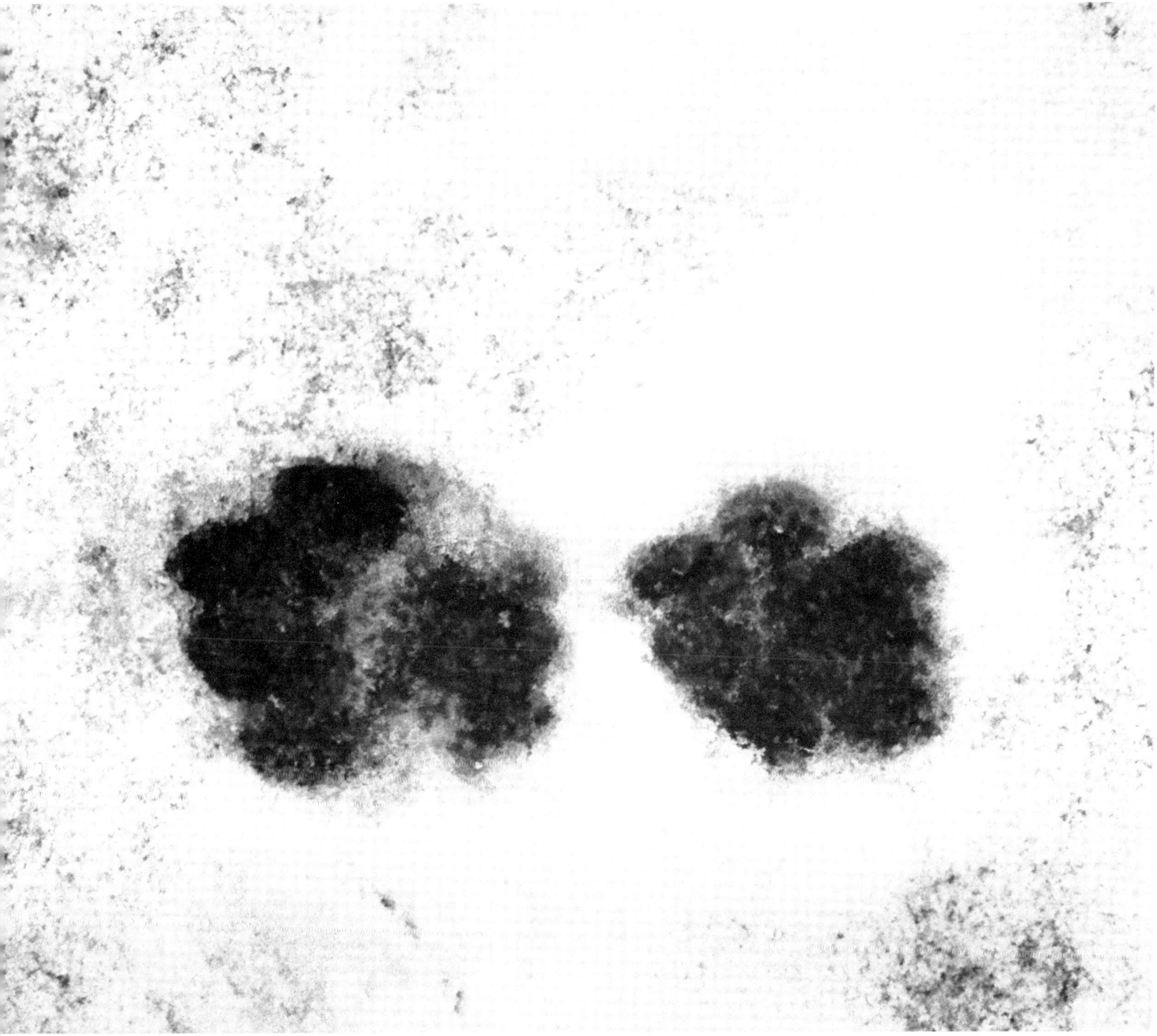

Oma-Mietz

18 Jahre

Sie kam zusammen mit einem Reitermädchen, das ausgeritten war, zu uns. Sie war einfach mitgelaufen. Hier angekommen, hatte sie dann wohl doch ein komisches Gefühl, denn sie kletterte erst einmal auf die große Fichte vor der Alten Mühle. Meine Kinder Johanna und Lucas liefen zu dem Baum und lockten die fremde Katze. Und sie kam wirklich herunter: Von da an war sie unsere Miez. Mama-Miez wurde aus ihr, als Olli, ein italienischer Kater von den Mietern oben, die Schönheit dieser Katze entdeckte. Zweimal wurde sie Mama und alle Katzen im Haus stammen von ihr und Olli ab. Sie ist die Stammmutter, aber ein wenig sizilianisches Blut ist eben auch drin.

Miez ist eine verschmuste anhängliche Katze, manchmal weiß sie gar nicht, wohin mit ihrer Liebe, und beißt in ihrer Ekstase, aber nicht arg. Sie hat immer ein freies Leben geführt. Was sie besonders gern macht: Wo immer man sich befindet, springt sie einem auf die Schulter. Das kann einen ganz schön erschrecken, wenn man zum Beispiel nachts die Haustür aufsperrt oder ganz gemütlich auf der Holzkiste sitzt.

Ihre alten Tage verbringt sie, vor allem im Winter, mit Schlafen und Fressen. Sie sucht sich gern die verrücktesten Ruheplätze aus, zu denen insbesondere eine Ikeatüte gehört, die mit Eichenblätterngefüllt ist, die vom Winterquartier der Schildkröte noch übrig sind.

Oder sie liegt draußen im Holz oder auf der alten Gartenliege. Ein wenig dement ist sie inzwischen auch. Wenn ich den Napf mit Futter fülle, steht sie oft da und schaut ganz verträumt, so als wollte sie sagen: Was war da nochmal? Aber wir lesen jeden Tag zusammen die Zeitung, sie natürlich auf meiner Schulter das ist ganz wunderbar gemütlich und warm.

Franziska W., Saulgrub

»Wehende … Luft … kaum merklich
ein Duft, ein
zartes … Summen.«

Arno Holz

Dicker

17 Jahre

Geboren ist Dicker irgendwann im Herbst 1997 in den österreichischen Alpen in der Umgebung einer Almhütte. Die Chancen, dass das schwächlich wirkende, mickrige Kerlchen dort oben durch den Winter kommen würde, standen schlecht. So beschloss meine damalige Freundin, das Katzenkind aus der Wildnis zu retten und packte es kurzum ein. Dicker, der zu dem Zeitpunkt noch Sugar hieß, zog nun nach München, mitten in die Großstadt. Wir päppelten ihn auf und er wuchs zu einem stattlichen, aber sehr schlanken Kater heran. Die Freundin ging, der Kater blieb. Allerdings musste er eine Namensänderung hinnehmen: Aus Sugar wurde Dicker, gerade weil es so gar nicht zu ihm passte. Es dauerte auch gar nicht so lange, bis er anfing, auf seinen neuen Namen zu reagieren.

Dicker hat sich zu einem sehr anhänglichen, friedlichen und zurückhaltendem Wesen entwickelt, fast schüchtern würde ich sagen, und manchmal ängstlich. Fremde müssen sein Vertrauen erst gewinnen und nicht jeder darf sich nähern.

So sind ihm Ansammlungen von lauten Menschen, die ihn womöglich auch noch anfassen wollen, ein Graus. Das überfordert ihn wie kaum etwas anderes.

Vor zwei Jahren hat man bei ihm ein Geräusch am Herzen festgestellt und eine Überfunktion der Schilddrüse diagnostiziert. Er bekommt seither täglich seine Medikamente und hält sich gut. Ich merke ihm aber an, dass er langsam alt wird. Er stromert viel weniger draußen herum und bleibt abends und nachts lieber im Haus. Er liegt dann in meiner Armbeuge bei mir auf der Couch oder schläft zwischen meinen Füßen.

Oli K., München

»Ruhe gibt es nicht, bis zum Schluss. Und dann? Auch am Schluss steht noch ein Fragezeichen.«

Klaus Mann

Gizmo

23 Jahre

Gizmo setzte zeitlebens quirlig und charmant ihren großen Dickkopf durch. Immer in Bewegung sprühte sie vor Energie. Das konnte sie sich auch leisten, denn ihr zweiter Vorname war Fress-Saugerchen. Das kleine Tier wog zu seinen besten Zeiten sechs Kilogramm.

Vor einigen Jahren ist sie taub und damit weniger aktiv geworden, doch sie bewegt sich nun umso würdevoller durch die Wohnung. Sie liebt es nach wie vor, im Mittelpunkt zu stehen. Durch ihre Schilddrüsenerkrankung ist sie deutlich schlanker geworden und muss regelmäßig gebürstet werden, da sie sich selbst nicht mehr so gut putzen kann. Das ausgiebige Bürsten jedoch, gehört für uns zu den Höhepunkten des Tages.

Marion O., Hamburg

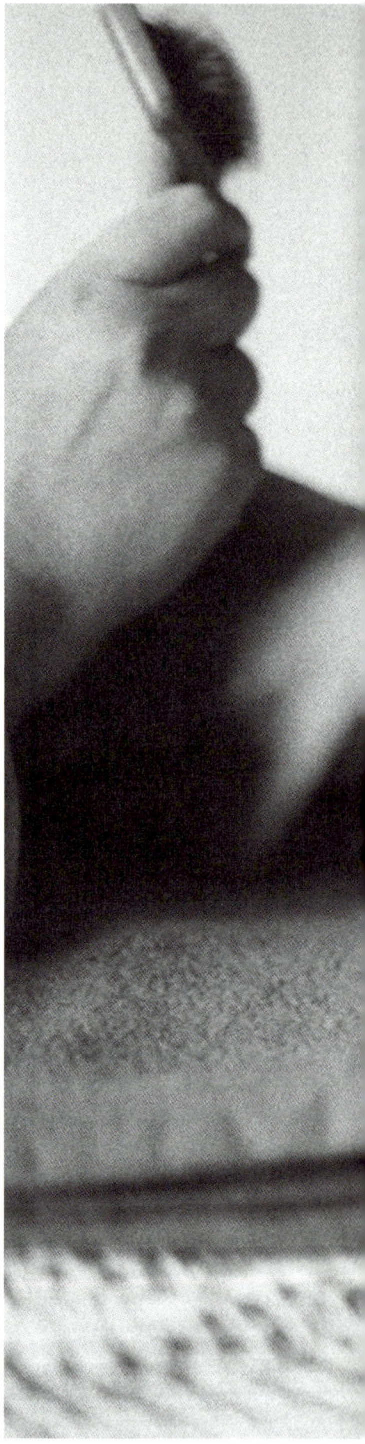

»Wenn du die Zeit vertreiben willst,
wird sie dir das schön übelnehmen.

Wenn du dich gut mit ihr stellst,
tut sie dir fast jeden Gefallen.«

Jetzt ist immer sechs Uhr
und immer Teestunde.

Lewis Caroll

Salia

16 Jahre

Philosophen unter sich

Uli: Salias Mama war eine Glückskatze, dreifarbig, eine wilde Lady, die sich mit allen möglichen Katern aus dem Ort, wo wir damals wohnten, vergnügt hat. Irgendwann wurden vier kleine Katzenbabys geboren, und zwar unter Julians Bett.

Julian: Ich habe unter das Bett geschaut, da hat es gefiept und miaut und da lag sie ganz hinten in der Ecke und irgendwo in der Mitte lag so ein kleines weißes Ding.

Uli: Wir haben ganz vorsichtig die Matratze abgebaut und haben den Kleinen zu an die Mutterbrust hingeschubst. Er sah so elend aus, so winzig klein, ganz weiß und nackt. Seine Brüder hingegen waren schon sehr kämpferisch.

Julian: Er ist dann bei uns geblieben, weil er eben der Schwächste war, den wollten wir nicht hergeben.

Uli: Salia hat dann gleich beim Julian auf dem Bett geschlafen.

Julian: Ich bin in der Früh aufgewacht und hatte so ein weißes Wollknäuel auf meinem Auge liegen – das macht er jetzt auch noch und jetzt stell dir mal vor, wenn der Kater auf deinem Kopf liegt …

Uli: Wir haben ihn vom ersten Moment an heiß und innig geliebt, weil er in seiner ganzen Naivität – er hat so erstaunt und verblüfft in die Welt gekuckt – erst mit drei Jahren bemerkte, dass er Krallen hat.

Franci: Hockt den ganzen Tag in seinem Korb und schaut skeptisch.

*»Weil ich will,
fasziniere ich,
Weil ich will,
reüssiere ich,
Weil ich will,
drum begehrt man mich,
Wie ich will,
so verehrt man mich«*

Erika Mann

Uli: Hat gedacht: Bin ich eigentlich ein Kater?

Franci: Er ist stets mit sich selbst beschäftigt.

Uli: Er hat keine natürliche Aggression, das hat uns fasziniert, ja?

Julian: Hat schon Mäuse heimgebracht, aber nur alle halbe Jahre.

Uli: Das muss schon so eine vertrocknete Maus gewesen sein, die so halblebig vorbeischleicht …

Franci: Er hockt immer auf der Mauer vorne.

Uli: Am Eingang.

Franci: Jeder der vorbeikommt, streichelt ihn...

Uli: ... und redet mit ihm

Franci: Und er lässt sich auch wahnsinnig gern streicheln.

Julian: Der Haustherapeut … Ah und ja, mein Tag war auch anstrengend …

Uli: Aber er ist eigentlich ein Schriftsteller, denn als er jung war, galt sein Hauptinteresse Kugelschreibern und wir haben immer gesagt, der Salia will jetzt was schreiben. Weißt du das noch?

Julian: Er hat nicht versucht, die vom Tisch runterzuschubsen, wie jede andere Katze, sondern er hat reingebissen und hat dann so überlegt, wie er ihn halten kann, wo er doch keine Finger hat …

Uli: Ich glaube, er wollte sein Leben aufschreiben. Jetzt gerade schweigt er sein Leben, aber er ist so was von präsent geworden.

Julian: Früher hat er alles gegessen. Wenn du einen Teller mit Nudeln und Pesto hast stehen lassen, dann hat er Nudeln mit Pesto gegessen. In den letzten Jahren ist er wählerischer und zickiger geworden.

Franci: Er lässt das tatsächlich stehen. Stundenlang.

Uli: Meistens diskutieren wir aus, was er mögen könnte. Das ist eigentlich unser Hauptthema, wenn wir uns unterhalten, was könnten wir dem Salia geben, was könnte er gut finden.

Franci: Er ist auch nicht mehr so gierig, er schlingt nicht mehr so.

Julian: Also gierig ist er schon, diese Sandwich-Käse-Scheiben, diese scheußlichen klebrigen Käsescheiben …

Uli: Dich, Franci, hat er von Anfang an geliebt.

Franci: Er steht vor dir und schnurrt dich erst mal an, einfach so, obwohl du noch gar nichts gemacht hat. Das ist wahnsinnig süß, sehr überzeugend. Er kann stundenlang da hocken und sich auf nichts konzentrieren und trotzdem merkst du, da arbeitet irgendwas. Auch wenn er dich anguckt, irgendwo ist da eine wahnsinnige Intelligenz hinter diesen Augen. Schwer zu beschreiben.

Uli: Ja, schwer zu beschreiben. Er kriegt alles mit.

Franci: Also er ist wirklich konstant da, ein Philosoph.

Uli: Er verarbeitet quasi alles, was hier so im Raum ist. Und du Julian hast ihn auch nie zu irgendwas gezwungen. Du hast ihn immer irgendwie erreicht. So dass er verstanden hat, um was es gerade geht.

Franci: Ihr seid euch halt einfach wahnsinnig ähnlich.

Julian: Mich lässt aber keiner zwölf Stunden am Tag schlafen!

Uli B., München, mit Sohn Julian
und Freundin Franci

Muck

17 Jahre

Jahresende. Auf dem Efeugeländer vor dem Fenster sammeln sich Schneehügel. Es ist ungewohnt still für diese Zeit. Noch keine Böller, kein Geknalle. Der Kater liegt wohlig neben mir auf dem zweiten Schreibtischstuhl. Es gibt für ihn derzeit kaum etwas Schöneres als sich im Licht der Stehlampen-Heizbirne zu räkeln und zu schlafen. Seine Augen sind schwach geworden, er ist ungeduldig, wenn der Tagesablauf aus dem Rhythmus kommt, wir sorgen uns um genügend Futteraufnahme, er hat gute und schlechte Tage. Wie kann ich anders als in das flaumiges Brustfell zu greifen, wenn er sich mit einem leisen Maunzer auf den Rücken dreht und mich aus dunkelgrünen Augen schelmisch ansieht … ich muss die Arbeit Arbeit sein lassen und ihn kraulen, ausgiebig, bis es gut ist.

Muck kam 1997 als Welpe zu mir. Ich erinnere mich genau an unsere erste Begegnung, da geht es mir wie vielen Katzenbesitzern aus diesem Buch. Er saß oben auf dem Rückenteil einer Couchgarnitur. Vollkommen bei sich, ruhig aber wach, ein schwarzes kleines Etwas mit Fledermaus-Ohren. Wir sahen uns an und es war passiert. Zwei Wochen später setzte ich ihn in eine durchlöcherte Pappschachtel und holte ihn nach Hause. Er wurde lässig fertig mit Stoffel, dem alten Dackel, der bei uns in der WG wohnte und Mustafa, dem grauen Kater. Bald hatte man sich an den lebenshungrigen Neuzugang mit gähnender Gelassenheit gewöhnt.

Muck war von Anfang an mein Kater. Es gab nie einen Zweifel zu wem er gehörte und wer in letzter Instanz seine menschliche Gefährtin war.

Nachdem wir dann eine Weile allein wohnten, bekam er einen Partner, Kater Fortuna aus Südtirol. Fortuna war offiziell weiblichen Geschlechts, die Wahrheit wurde aber recht bald augenscheinlich und er behielt seinen Namen. Am Glück, fand ich, sollte man nicht herumschrauben. Die beiden Kater kuschelten niemals miteinander und ich hatte den Eindruck, dass sie keine besondere Beziehung zu einander aufbauten.

Erst als die betagte Hündin Futzie ins Haus kam, merkten wir, dass die zwei Kater im Umgang mit dem Hund regelrecht Allianzen bildeten. Der mutigere Fortuna war sofort zur Stelle, wenn er Muck in Gefahr wähnte und reagierte auf jede verdächtige Regung des Hundes. Das Zusammenleben der drei war nicht immer einfach, aber wir bekamen es hin. Futzie mussten wir im Oktober 2010 gehen lassen.

Leider war zu der Zeit der erst 11-jährige Fortuna bereits durch eine seltene Erkrankung schwer angeschlagen. Wir kämpften einige Monate um ihn, aber er starb.

Ich stellte sehr überrascht fest, wie intensiv Muck um seinen Gefährten trauerte. Er suchte viele Tage lang die Wohnung und den Hof ab, rief nach Fortuna und fraß kaum etwas. Das hatte ich nicht erwartet. Manch enge Bindung offenbart sich nicht auf den ersten Blick oder wir sind schlicht nicht in der Lage, sie zu erkennen.

Die letzten Jahre haben unser inniges Verhältnis noch einmal intensiviert. Seinen Ausdruck findet das in schnurrender Wiedersehensfreude, wenn ich einmal länger aus dem Haus war und in einer Art stillen Übereinstimmung im täglichen Miteinander. Muck ist ein leiser Kater, aber doch immer präsent. Ein Gentleman.

Oft schon habe ich gefürchtet, dass er aufgrund einer seiner vielen Gebrechlichkeiten gehen würde und damit nicht zuletzt meine Umwelt verrückt gemacht. Ist er aber nicht. Er ist da.

Ich sehe ihn an und schaue seinen ruhigen Atemzügen zu, dem Zittern einer träumenden Pfote, betrachte lange sein schmales Gesicht und das weiß-durchsetzte Fell, das immer noch weich ist und glänzt. Wie zart und schön er ist!

Meike Birck, München

»Weil's er war, weil ich's war.«

Michel de Montaigne

Danksagung

Mein größter Dank gilt allen Katzenbesitzern und -besitzerinnen, die sich – oftmals ohne mich persönlich zu kennen – auf einen Fototermin mit ihrer Katze eingelassen haben.

Es gab stets die Möglichkeit, dass es nicht klappen würde, dass das Tier keine Lust haben würde, sich zu Schau zu stellen oder mich schon beim Betreten des Terrains schlicht ablehnen würde. Zu meiner Freude ist dieser Fall bei keiner der Zusammenkünfte eingetreten. So dankte ich oft im Stillen und hier und jetzt ganz offiziell den Katzen und Katern, die sich mehr oder weniger neugierig, jedenfalls immer gelassen von mir haben beobachten und ablichten lassen.

Über zwei Jahre lang gab mir Herr Dr. Siegfried Graf Ermutigung und Rückhalt. Er hat mit Begeisterung und Einfühlungsvermögen Zitate und Gedichte zu den einzelnen Katzen-Persönlichkeiten ausgesucht und mich fachlich beraten. Herr Dr. Graf ist Teil dieses Buches: Danke für die außergewöhnliche und fruchtbare Zusammenarbeit.

Ohne den unermüdlichen Optimismus von Annie Faugère hätte ich vielleicht nicht aufgegeben, aber doch manche Durststrecke allzu ratlos und besorgt durchlebt. Ihre klugen Anmerkungen und ihr Fachwissen im Verlagswesen haben mich begleitet und das Buch letztlich auf den Weg gebracht – welch ein Glück.

Sybille Flöters Katze Mariechen war die erste Katze, die ich bewusst für dieses Buch fotografierte. Seither sind die beiden im Leben und im Geiste warmherzige Patronas dieser Arbeit. Hätte ich ihnen ein Scheitern antun können?

Meinen herzlichsten Dank auch an Sylvia Wuschko, die stets geduldig das Projekt begleitet hat: Texte gelesen, Bilder betrachtet und ohne einen Hauch von Zweifel an das Zustandekommen des Buches geglaubt hat. Und wenn, dann hat sie es mir nicht gesagt.

Sowohl der Tierschutzverein München e. V. als auch der Tierschutzverein für Berlin und Umgebung e. V. haben ausgiebige Foto-Sessions zugelassen, was mir ermöglicht hat, ein Bewusstsein für ältere Katzen in besonders prekärer Lage zu schaffen. Mögen sich viele Halter für reife Katzen mit Vorgeschichte erwärmen und die Tierheime in ihrer wertvollen Arbeit auch finanziell unterstützen.

Einige Katzen fand ich über das Forum gesundeskatzenleben und die Selbsthilfeinitiative Nierenkranke Katze. Danke für die Begeisterung und das Engagement beim Suchen und Finden und ein großer Dank an die Mitglieder, die sich auf dieses Abenteuer eingelassen haben.

Allen interessierten Vorablesern und -leserinnen bin ich dankbar, weil sie mich mit herzlichem Rat und bedachten Hinweisen Stück für Stück weitergebracht haben. Jeder Gedanke ein Puzzleteil, das notwendig war. Und mein Dank gilt ebenso Gabi Bauer für das zuverlässige Übertragen der Interviews, immer eiligst und bis morgen.

Vielen Dank auch an Alexander Schug – für die durchwegs offene und unkomplizierte Zusammenarbeit. Auch bei Berenike Schaak möchte ich mich sehr herzlich bedanken – sie hat mit sicherem Blick Unklarheiten und Lücken innerhalb der Texte aufgespürt und trotzdem deren Eigenheit bewahrt. Mein Dank gilt ebenso der Grafikerin Stephanie Raubach, die meinen Bildern und Texten diese schöne Form gegeben hat.

Die SW-Filme wurden im Blow Up Fotolabor in München entwickelt. Über Jahre lieferte ich den Mitarbeitern – insbesondere Sabine Klem – ausschließlich Filmrollen mit Katzen. Ein Aufschrei, als versehentlich ein menschliches Portrait erschien… Danke für die engagierte Arbeit, den verlässlichen Spaß und die vielen guten Ideen, die mit den Kontaktbögen über die Theke wanderten.

Meike Birck

Meike Birck

geb. 1967 in Wolfratshausen
Hochschule für Fernsehen und Film in München
Filmemacherin * Kamerafrau * Fotografin
Dokumentarfilme * Ausstellungen
Veröffentlichung von Kurzgeschichten
lebt seit 1991 in München

Bibliografie

Seite 14
Wilhelm Raabe, aus:
Alte Nester Zwei Bücher Lebensgeschichten
Berlin: Verlag von Otto Janke 1903

Seite 18
Friedrich Hölderlin, aus:
Hölderlin – Sämtliche Werke, Große Stuttgarter Ausgabe, Band 6.1 Briefe
Stuttgart: Kohlhammer 1943–1985

Seite 21
Demokrit, aus: *Die Fragmente der Vorsokratiker*
Griechisch und Deutsch, 2. Band
Berlin: hrsg. von Hermann Diels, 1922

Seite 24
Johann Wolfgang von Goethe, aus:
Westöstlicher Diwan, Goethe Werke 12 Bände
Leipzig: Fikentscher, 1926

Seite 29
mit freundlicher Genehmigung
von Marianna Öhlberger:
Joseph Gregor, aus:
Daphne, Oper von Richard Strauss
Berlin: Verlag Adolph Fürstner, 1943

Seite 32
zugeschrieben Osorkon II.,
Quelle unbekannt

Seite 36
Christian Morgenstern, aus:
Melancholie Neue Gedichte
Berlin: Cassirer, 1916

Seite 43
Joachim Ringelnatz, aus: *Turngedichte*
München: Kurt Wolff Verlag, 1923

Seite 45
Bertolt Brecht, »Gegen Verführung«, aus:
Bertolt Brecht, Werke. Große kommentierte Berliner und Frankfurter Ausgabe, Band 11: Gedichte 1

Seite 50
Johann Friedrich Schiller, aus:
Schillers Briefwechsel mit Körner
Leipzig: Verlag von Veit & Company, 1847

Seite 58
Luc de Clapiers Vauvenargues, orig aus:
Œvres de Vauvenargues
Paris: Édition Nouvelle, Furne et Cie, 1857

Seite 62
Carl Jacob Burckhardt, aus:
Freundschaften und Begegnungen
München / Leipzig: Verlag SchumacherGebler, 1998/99

Seite 67
L. Annaei Senecae, orig. aus:
L. Annaei Senecae ad Lucilium epistulae morales
Continens Libros I-XIII,
Achilles Beltrami recensuit
Rom, Typis Publ. Officinale Polygraphicae, 1937

Seite 71
Martin Auer, mit freundlicher Genehmigung
http://www.martinauer.net

Seite 74
Diotima – Susette Gontard, aus:
Die Briefe der Diotima,
Leipzig: Insel Verlag, 1921

Seite 81
Hannah Arendt, aus:
Denktagebuch 1950–1973,
2 Bde., hrsg. v. Ursula Ludz und Ingeborg Nordmann
München/Zürich: Piper Verlag, 2002

Seite 84
Rainer Maria Rilke, aus: *Das Buch der Bilder*
Leipzig: Insel – Verlag, 1928

Seite 88
Annette Kolb, aus: Jürgen Schwalm,

»Ich musste es auf meine Weise sagen«
Bad Schwartau: WFB Verlagsgruppe Ltd., 2006

Seite 93
Anselm Grün, aus:
Die hohe Kunst des Älterwerdens
Münsterschwarzach: Vier Türme Verlag, 2007

Seite 96
Franz Kafka, aus:
Briefe 1900 – 1912, Band 1
Frankfurt am Main: S, Fischer-Verlag,
hrsg. v. Hans-Gerd Koch, 1999

Seite 100
Dr. Marianne Koch, in:
Menschen bei Maischberger
ARD, Januar 2011

Seite 111
Arno Holz und Gerhard Schulz [Hrsg.]:
Phantasus. Faksimiledruck der Erstfassung.
hrsg. von Dietrich Bode
Stuttgart: Philipp Reclam jun. GmbH & Co.,
1968

Seite 114
Klaus Mann, aus:
Der Wendepunkt. Ein Lebensbericht
Herausgegeben und mit einem Nachwort von
Fredric Kroll
Copyright © 1993, 2006 Rowohlt Verlag GmbH,
Reinbek bei Hamburg

Seite 119
nach Lewis Carroll, aus:
Alice's Abenteuer im Wunderland
Übersetzung: Antonie Zimmermann
Leipzig: Johann Friedrich Hartknoch, 1869

Seite 122
Erika Mann, aus: *Helga Keiser-Hayne:*
Beteiligt euch, es geht um eure Erde. Erika Mann
und ihr politisches Kabarett »Die Pfeffermühle«
1933–1937. Texte, Bilder, Hintergründe
Copyright © 1995 by Rowohlt Taschenbuch Verlag GmbH, Reinbek bei Hamburg

Seite 129
Michel de Montaigne, aus: *Essays*
Übersetzung J. J. C. Bode
Leipzig, Verlag Philip Reclam jun., 1793